国家自然科学基金（No. 62207029，62071039）
北京市自然科学基金 – 小米创新联合基金（No. L223033）
中央高校基础科研经费

听觉数字孪生与智能音频处理技术

靳 聪　王 晶　李小兵 ◎ 著

AUDITORY DIGITAL TWIN &

INTELLIGENT AUDIO

PROCESSING TECHNOLOGY

北京理工大学出版社
BEIJING INSTITUTE OF TECHNOLOGY PRESS

图书在版编目（CIP）数据

听觉数字孪生与智能音频处理技术／靳聪，王晶，李小兵著．－－北京：北京理工大学出版社，2023.11
ISBN 978－7－5763－3163－9

Ⅰ.①听…　Ⅱ.①靳…　②王…　③李…　Ⅲ.①数字音频技术　Ⅳ.①TN912.2

中国国家版本馆 CIP 数据核字（2023）第 231310 号

责任编辑：刘　派　　　文案编辑：李丁一
责任校对：周瑞红　　　责任印制：李志强

出版发行／北京理工大学出版社有限责任公司
社　　　址／北京市丰台区四合庄路 6 号
邮　　　编／100070
电　　　话／（010）68944439（学术售后服务热线）
网　　　址／http：//www.bitpress.com.cn

版 印 次／2023 年 11 月第 1 版第 1 次印刷
印　　　刷／三河市华骏印务包装有限公司
开　　　本／710 mm×1000 mm　1/16
印　　　张／13.5
字　　　数／236 千字
定　　　价／68.00 元

图书出现印装质量问题，请拨打售后服务热线，负责调换

前　言

近年来，人工智能领域在第三次浪潮爆发后经历了快速的发展，许多特定领域的专用人工智能算法已经大幅度超越了人类的水平，并在工业生产和社会生活中得到了广泛的应用。尽管如此，目前深度学习算法的本质依然是海量数据驱动的统计学习，距离人类更加复杂的高级认知功能仍然存在本质上的差别。如何弥补这种差异，从而推动人工智能从弱人工智能到通用人工智能的转变，已经成为国家和社会层面亟待解决的重大难题。2017 年，国务院印发的《新一代人工智能发展规划》提出了面向 2030 年我国新一代人工智能发展的指导思想、战略目标、总体部署和重点任务，针对可能引发人工智能范式变革的方向，前瞻布局高级机器学习等跨领域基础理论研究。高级机器学习理论的重点是突破自适应学习、自主学习等理论方法，实现具备高可解释性、强泛化能力的人工智能。本书面向虚实融合的听觉感知、时空交汇的音频呈现和人机混合的音乐创作等应用场景，将听觉数字孪生、沉浸式空间音频、音乐人工智能和混合增强智能等技术进行统一整合，提出一整套完整的听觉数字孪生智能处理技术的体系架构；并在该统一理论框架下，详细介绍了听觉数字孪生的概念及智能音频处理的若干核心关键技术，总结和梳理了该领域内听觉信息表达、音频信息处理和音乐信息检索的核心技术和应用方法，期待能为我国未来听觉、音频和音乐系统的发展提供参考和借鉴。

　　本书是在作者所属团队多年来开展音频技术研究的基础上，结合多次参加AVS数字音视频编解码技术标准制订工作、工信部VR虚拟现实音频内容制作规范工作，参加由中国人工智能学会和中央音乐学院共同主办的世界音乐人工智能大会（SOMI）、由中国计算机学会主办的中国多媒体大会（ChinaMM）的实践经验，体系化地介绍了新一代人工智能技术应用于听觉、音频和音乐方向的主要难题以及解决方法，形成以"度量感知""语义认知""行为策控"为基础的听觉数字孪生智能处理技术的体系架构。

　　本书紧扣《新一代人工智能发展规划》的总体规划要求，从国家未来需求和国际前沿热点出发，围绕听觉数字孪生、沉浸式音频处理技术、音乐人工智能和混合增强智能等作为本书的主要章节进行重点阐述，是我国为数不多的以听觉、音频和音乐为出发点研究新一代人工智能技术的专著，在智能听觉系统、智能音频系统和智能音乐系统信息表达、处理、生成、检索、控制等方面提供了一定的理论支撑，同时在听觉交互设计、3D音频渲染、音乐生成和人机协同创作中提供了丰富的实践特例。

　　本书的内容既体现了对听觉、音频和音乐系统信息处理问题阐述的系统性、前沿性，又体现了对工程设计与工程应用良好的适用性。本书可为我国未来听觉、音频和音乐系统的设计与实施提供重要参考，具有重要的学术价值和应用价值。本书的主要读者为从事声学、听觉、音频和音乐等方向及新一代人工智能技术研究的相关科研院所的学者、专业技术人员和自动化、计算机、通信与信息系统、人工智能等相关专业的本科生、研究生，可为相关领域专业研究人员提供一定的理论与工程实践参考，具有较大的社会需求；同时，本书的相关内容也可以为我国文化艺术、广播电视等领域内未来听觉、音频和音乐系统研制、开放与应用提供一定的参考依据，具有较大的应用价值。

作　者

2023 年 6 月 8 日

目　　录

上篇　虚实融合的听觉感知

中篇 时空交汇的音频呈现

下篇　人机混合的音乐创作

上篇　虚实融合的听觉感知

第 **1** 章

听觉数字孪生

1.1　听觉数字孪生概述

我们日常的听觉体验的特点是当我们还是胎儿的时候就开始积极地倾听周围不同位置的声音。听觉信息以双耳连续信息流的形式传递到左右耳，从这个角度来看，声学不变量是在个人基础上通过体验式学习而被学习的。因此，有必要通过多重体验追溯声学的发展，并确立一些共通点，以便于动态扩展个人知识。任何新兴的理解都应该被应用到能够提供声波虚拟环境（Virtual Environment，VE）的沉浸式交互式仿真的技术系统中。这样的过程必须是自适应的和动态的，以确保用户和系统之间的耦合程度，从而使主动聆听的体验被视为是真实的。

沉浸式虚拟现实（Virtual Reality，VR）技术为创建具有关系或交互的 VE 提供了更大的灵活性和更多的可能性，即使与物理世界截然不同，这些关系或交互也可能与本体是相关的。渲染是 VR 和多媒体领域中的主要研究课题之一。虽然声音是数字沉浸式体验的重要组成部分，但与视觉方面相比，很少有人研究听觉空间和环境的作用。如今，人们也开始意识到听觉空间在 VR 仿真中的重要程度，如使用空间音频渲染技术重建来自真实录音或历史档案的场景以实现感知层面上可信度较高的仿真。一个典型的例子就是通过重建 2019 年火灾前后的巴黎圣母院，人们可以体验到与这个真实事件毫无区别的虚拟版本。

这种 VR 技术带来的体验的特点通常由用户自己的数字对应物——虚拟角色来决定的，它可以在 VE 中创建一个具体的情境体验。从这一角度来说，VR 使得沉浸式技术有了更多能够改变用户体验的机会。因此，我们将这两种听觉体验（即虚拟和真实）结合起来呈现出一种新的视角——自我中心音频视角。使用"音频"这一术语来定义听觉感官部分，能够隐式地回忆起那些能够进行沉浸式和交互式渲染的经历，而"自我中心"指的是在沉浸式 VR 技术中获取多感官信息的知觉参考系统，以及塑造自我、身份或意识的主观性和个体感知。当然，声学的交互设计远不止这些。

1.2　听觉数字孪生概念

声学设计的体验对象是听者，不是在某种情境下的用户。作为一个拥有先验经验和主观听觉感知的人，应该用一种什么术语来给"听者"定义呢？一个比较接近的概念是"听觉数字孪生"。与我们常说的虚拟角色不同，从自我中心的角度来看，听觉数字孪生是围绕着听者形成的，即对听者来说是有意义的自然世界。为什么说是孪生？因为这个词让人联想到两个相异而遥远的实体或人之间的深层联系，通常是基于相似之处，例如 DNA 或一段亲密的友谊。虽然"听觉"这个词似乎会将我们的认识限制在声音这一内容上，但考虑到 VR 内在的多感官性质，从生物学的角度来说应该扩展到多感官领域。因此，我们将提供一种听觉优先的视角，有时牺牲"听觉"这一术语，可以在不损失信息的情况下获得更可读和更综合性的表达，即听觉数字孪生。

数字孪生也称"数字镜像""数字双胞胎"或"数字化映射"等，其起源可以追溯到 20 世纪 80 年代，当时在模拟计算领域出现了一种基于模型的仿真技术，该技术可以模拟和仿真各种复杂的实体系统。当时的计算机只能处理少数几个特定任务，而数字孪生则可以模拟任何人类行为。2002 年，美国的迈克尔·格里弗斯博士提出用计算机建立一个跟实物完全相同的模型，这是数字孪生概念最早的雏形。随后的几年里，数字孪生开始被用于军事、航天等领域当中，直到 2010 年"英特尔革命"后，数字孪生开始正式广泛地步入大众的眼光，此时的技术可以将传统的实体商品与其数字表示相关联。这样，消费者既可以购买实体商品，同时也能够拥有其对应的数字版本，从而享受数字产品提供的便利性和丰富性。

数字孪生是借助信息技术刻画一个跟现实世界实体高度逼真的数字孪生模型，换言之，也就是通过给一个物理对象建立数字化的模型，实现物理对象与数字模型之间数据和信息的交互、联系与反馈的技术，具有互操作性、可扩展性、实时性、保真性、闭环性等特点。在众多科学文献中，数字孪生最常见的定义通常与数字副本相关，但在本文中，我们给出了一个更为具体的定义，即"数字孪生是一个具有主体参与的心理—社会—文化—物质的对象化的行为网络"。数字孪生旨在促进人类与科技之间的交互作用，从动态的角度中去定义那些对沉浸的、连贯的体验至关重要的配置，并在其中发挥重要作用。

1.3　数字孪生技术的应用

作为数字化转型的关键技术，数字孪生在各个领域当中都有巨大的潜力，为各行各业都实现了许多曾经的"不可能"，因此也越来越受到关注。

1.3.1　医学应用

在虚拟样机设计过程中，数字孪生可以用于重建、创建物理实体或工作过程的虚拟版本或数字仿真。同样，在感知和认知方面也可以用于获得复杂的生物实体的数字副本，因此数字孪生在个性化医疗领域也被称为"生物数字孪生"。但这一技术的目的并非是在虚拟世界中创造"新人类"，而是利用此技术来对人类提供一些辅助功能。现实的人或机器提供的数据可以用于在数字孪生中创建一个虚拟的人或机器，比如一个病人的数字虚拟状态、解剖结构或者根据真实医院环境情况而创建的虚拟环境，在这一过程中，创建模型所用到的数据可以来自电子病历、医疗可穿戴设备等，以帮助分析患者治疗后的恢复状态和医生个性化的术前演练。在药物的临床试验中，由于要寻找符合标准并愿意参与试验的志愿者，因此成本高、代价大与耗时长是不可避免的问题。但通过数字孪生技术，研究者就可以借助于已有的数据建立试验组，用数字孪生代替部分志愿者的对照组，由此大大缩减试验过程的压力。对于药物性能的分析，数字孪生通过收集患者的身体数据能够体验人体中发生的变化，也能够避免很多难题。另外，模拟对局部器官的可视化解剖也使得心脏治疗设备及器械的开发更为有效安全。

1.3.2　航空航天应用

航空方面，广为人知的波音 777 客机的开发也离不开数字孪生技术。波音 777 客机在研发的过程中没有使用一张图纸，所涉及的所有零件、部件都是由开发人员通过计算机利用数字孪生进行模拟和试验的，其结果也没有让人失望：极大地缩短了整个周期，减少了返工量。波音 777 客机是真正意义上的一架数字化设计的飞机。另外，数字孪生体通过传感器可实现与飞机实体同步，以便观察运行时的载荷状态，从而及时评估是否需要维修，或能否承受下次任务的载荷。

除了研发与维修，数字孪生系统还可以在恶劣天气下实时采集数据，实现对关键目标状态的监控，反映目标的运行情况，相对传统模式，数字孪生系统能够为工作人员提供更为准确的数据和保障运行能力。

在我国的航天领域中，数字孪生技术也发挥着巨大的作用。我国的"天问一号"火星探测器在火星的探测之旅中对飞行轨迹、火星大气、着陆环境等进行了数字孪生建模；通过卫星通信传回的实时数据，对其数字孪生模型进行仿真分析，从而判断飞行轨迹和运行状态是否正常，以便及时调控。另外，我国在进行空间站建设时，利用自主研发的三维仿真系统构建了一个兼具仿真和精细显示能力的虚拟空间站，能够准确显示空间站的实时状态以及与飞行器之间的交互、对接等，从而有效地进行指导决策。正如中国移动董事长杨杰所说："未来，随着技术的发展，点点相连成面，面面相连成体，传统的金字塔式结构将不复存在，万物互联成为现实，感知无处不在，数字孪生技术将有更大的发挥空间。"

1.3.3　工业应用

工业方面，对于企业来说往往会担心在新的设备投入使用后的风险和收益问题，但引入数字孪生技术以后，就无须投入过多成本在实际的测试上，包括其间部件的故障检测。采用数字孪生技术，除了使生产设备可以更加流畅，另一个在工业中十分注重的问题——即产品的产出质量也可以通过数字孪生技术进行调整与完善。从最初的设计到制造都可以通过数据进行建模，实现整个流程的实时跟踪与监控，从而控制产品的结构、品质等。当然，在后续的服务中，数字孪生技术也可以提供一些远程帮助，如通过对产品的几何形状、性能、历史销售、用户反馈等进行建模，实时监测产品的使用与运转状况；在发现产品具体功能偏差的同时，能够提前预判产品零部件的损坏时间及部位界面，以便主动、及时地提前提供维护服务。同理，对于整个生产线也可以进行模拟，更好地进行生产资源的分配与管理。无论是劳斯莱斯使用数字孪生风扇叶片来制造超级喷气发动机，还是腾讯为瑞泰马钢打造"透明工厂"，都说明数字孪生技术在工业中占据着不可忽视的地位。

1.3.4　其他应用

当然，数字孪生技术不仅仅只存在于上述领域中，其影响在诸如物流运输、城市规划等方面也不可忽视。数字孪生技术从工业场景走到城市场景也是必然趋势。据预测，未来几年，85%的物联网平台将使用数字孪生技术进行监控，一些城市将率先利用数字孪生技术进行智慧城市的管理。毫无疑问，数字孪生技术是一场现代工业的新生产要素的革命。事实上，早在一些影片中就有数字孪生的影子，如《钢铁侠》中托尼的炫酷战甲被贾维斯内置了钢铁战甲的数字化虚拟模型，能实时追踪钢铁战甲的状态，并通过头盔上的显示屏将战甲状态进行可视化呈现，以便托尼能够及时掌握钢铁战甲的损坏情况，并进行相应的作战决策；后来的《黑客帝国》中的数字世界 Matrix、《流浪地球 2》中所提到的数字生命体等，也都是数字孪生未来可能应用与人类社会的种种形态。

就人类而言，自我量化的过程事实上就是一个实时数据不断进行更新的过程，数字孪生正是利用这一过程进行虚拟建模并完成决策。在如今互联网与数字化飞速发展的时代，数字孪生的影响早已被预见，曾经的那些设想也正一一成为现实。在不久的将来，伴随着其他技术的发展，数字孪生也势必会创造更多可能，为人类带来更多惊喜。

第**2**章
听觉孪生系统设计

2.1 听觉孪生制作系统

听觉孪生制作系统是指利用虚拟现实技术将真实环境的声音采集录制下来并进行数字化处理，再通过耳机与喇叭的声音输出使用户感受到真实、逼真的声音效果，同时还可将用户的实时声音输入进行处理和反馈，以增强与用户的交互体验。而其中的空间音频就是通过模拟真实环境中的音频效果，让听众感受到更加优质的听觉体验。空间音频让人们可以远离传统固定声场的束缚，进入更加灵活的声音空间，提供更加多样化的听觉体验。空间音频是在杜比全景声的基础上进行算法优化，利用陀螺仪增加摆头时的声向从而扩大声场。空间是 VR 系统的基本特征，更广泛地说空间是人类体验的基本特征，是一个人们可以产生和转换想法的地方，是一个创造意义的行动的地方，也是一个信息的容器。事实上，在处理声音和空间交互时，制作 VR 系统从根本上来说就是一项跨学科的工作，而像 VR 这样的技术提供了许多利用空间的方式，可以使创意音频制作和沉浸式体验应用从中受益。利用 VR 技术在具身交互和用户界面的空间交互，学者或相关开发人员可以探索很多新的空间表达形式。

在虚拟环境的声音交互（Sonic Interactions in Virtual Environments，SIVE）领域、VR 领域以及更广泛的声音与音乐计算（Sound and Music Computing，SMC）领域当中，多数关于空间音频的研究工作大多都是为了进行应用的设计，如音乐制作工具、体验式产品或游戏。尽管近期关于 VR 设计实践的研究很多，但关于如何构建空间、界面和与声音的空间交互的现有设计建议和分析却很少，因此在连接商业实践和学术努力方面仍有很多工作要做。为了更深地挖掘 VR 技术的创造性潜力，必须将涉及空间、交互和声音的学科结合在一起，进行多学科和跨学科的研究工作。

2.1.1　审视空间的作用

一般来说，空间可以分为 3 个维度：长度、宽度和深度。在一个真实的音频系统中，空间的长度和宽度通常由显示屏和投影仪等设备承担，而深度则通常由声音效果进行铺设。通过这些元素的相互作用，虚拟的空间可以真实地呈现在用户的眼前。审视空间在 VR 音乐和音频系统中的使用，为群体研究和设计贡献提供了不同的方式。

2.1.1.1　空间——音乐输入/声音控制元素的持有者

空间设计主要的形式是将空间作为互动元素的容器，通过某种方式产生声音或控制声音。VR 空间可以作为虚拟乐器或声音控制面板的控制元素，使用户能够以更直观的方式操纵音乐或声音。例如，用户可以在 VR 空间中演奏虚拟键盘乐或打击乐器，或使用手势控制声音的频率和音量。在 VR 音乐游戏中，玩家可以通过在特定位置移动或触碰特定的图像来触发特定的音乐元素。由于 VR 系统中的音乐输入是通过特定的空间位置来触发的，因此，当一个 VR 场景中存在音乐输入时，它的物理空间布局将直接决定音乐输入的方法和可用性。就声音控制而言，它可以帮助用户更好地掌握 VR 场景中的环境和情境。例如，在虚拟现实培训场景中，用户可以使用声音控制来模拟特定情境下的对话和行为。另外，声音控制也可以用于游戏场景中，如玩家可以通过声音控制来控制角色的动作和移动。在这一类别中，区别在于是使用基于菜单的空间用户界面（Spatial User Interface，SUI），还是使用更多基于对象的三维用户界面（User Interface，UI）。

2.1.1.2　空间——声波体验的媒介

作为声波体验的媒介，空间被编织到用户体验或系统设计的各个方面。在 VR 音乐创作中，如果用户不参与协作空间行为，VR 系统的声音操作将毫无意义。在这一类别中，空间交互作用与系统反馈的关系是被动的，如录制的声景，或完全交互的，如将空间输入映射到输出模式的视听艺术作品。在某些情况下，视觉空间可能只是空间音响体验的辅助媒介。这种元素与虚拟环境之间的交互关系可以是多种多样的，从完全被动的空间漫游，到需要用户积极参与的协同创作。这些元素不仅仅是单纯的场景制作，而是整个虚拟环境中的重要组成部分，它们是用户在虚拟环境中进行操作的基础，是用户感知和体验虚拟环境的窗口。另外，空间音频控制器也是这一类别中的一个重要元素。虽然空间音频控制器通常被视为声音输入与输出的控制元素，但是由于其控制音乐输入和声音控制的功能，其也被认为是空间的一部分。因此，空间音频控制器的设计也需要考虑到其与用户体验和反馈之间的交互关系，以创造最逼真的虚拟环境。在这一类别中，空间交互作用是虚拟现实系统设计和用户体验中至关重要的一种技术，它不仅提供了虚拟环境中的视听媒介和附属物，还是整个环境中的交互元素和用户体验和反馈的核心。

2.1.1.3　空间——视觉的资源，增强音乐表现

在这一类别中，空间主要用于其视觉和空间的表征，而不是作为直接的控制系统或作为从系统中衍生出来的声音体验的内在部分。设计者使用空间作为音乐表演或系统的额外层，其优势体现在以下几个方面。

（1）呈现表演者与演奏的乐器相关的增强视觉反馈。

（2）为观众提供一个参与音乐表演、集体体验的空间。

（3）在 VR 中将空间作为观众聚集体验音乐表演的场所。

2.1.2　人机交互框架与系统设计

VR 是一个广泛的概念，既可以指提供沉浸式体验的硬件系统，也可以指沉浸式体验本身。硬件系统可以包括头戴式显式（Head Mount Display，HMD）技术，如 Oculus 或 HTC Vive 等高端头显，以及复杂的基于立体投影的洞穴系统（Cave Automatic Virtual Environment，CAVE）。

在设计一个虚拟现实系统时，需要考虑人机交互框架的理论和实践。具体而言，需要关注虚拟环境对用户的沉浸体验以及如何实现用户与虚拟环境之间的交互。在这方面，人机交互（Human Computer Interaction，HCI）的研究成果提供了重要的指导，可以帮助设计出更好的交互方式和操作流程，以提高用户使用虚拟现实系统时的效率和满意度。声音与音乐计算（SMC）和虚拟环境的声音交互（SIVE）与更大的人机交互研究领域密切相关，因此，在如何最好地设计系统方面，采用已有的人机交互的研究成果是常见的做法。同时，在系统设计优化方面，需要理解虚拟现实系统的硬件和软件架构以及它们之间的关系。如前所述，硬件系统包括各种头戴式显示设备和立体投影的洞穴系统，而软件系统包括虚拟环境的构建、动态交互和物理模拟等。针对不同的硬件和软件组合，需要采用相应的设计策略和优化方案，以实现最优的用户体验。但正如在音乐表达新界面（New Interfaces for Musical Expression，NIME）中采用HCI评估框架一样，空间音频系统设计也需要建立对目标域（SMC）的关键理解；另外，为研究包括音频优先空间场景的声音美学质量，设计和评估的目标也需要进一步扩展。

2.1.2.1 选择与操作技术

对象选择和操作是用户执行空间任务的 VR 环境的基础。VR 中的三维交互一般有两种：直接交互和间接交互。

1. 直接交互

直接交互指有一双"虚拟的手"，能够类似在现实世界中触摸或抓取物体，其好处之一就是可以将虚拟任务映射为实际任务，从而实现更自然的交互。具体指的是用户通过手柄、手势、头部运动等直接与虚拟环境进行交互。如在VR 游戏中，玩家可以用手柄来控制角色移动、攻击等动作，或者通过头部转动来改变视角。

2. 间接交互

间接交互即虚拟指令，如使用激光笔（进行射线投射），可以在空间中进行捡拾和丢弃。间接交互可以让用户在不需要过多移动的情况下选择超出他们触碰范围的物体，即通过在虚拟环境中设置一些交互元素，让用户在与这些元素交互时来达到控制虚拟环境的目的。例如，在 VR 应用中，可以设置交互按钮、菜单等，让用户通过这些交互元素来浏览和操作虚拟环境。

无论是直接交互方式还是间接方式，交互都应该是快速、准确、防错、容易理解和可控的，并以带来用户较小的疲劳感为目标。根据设计方式的不同，直接交互和间接交互都可以实现对目标的空间转换，包括旋转、缩放和平移。

克服现实世界的物理限制为虚拟空间的设计提供了切实的好处，因为这些组成元素可以使得交互扩展到身体尺度之外。由于 VR 的发展趋势是向非真实的交互扩展，因此在直接交互和间接交互之间的分界也相对模糊。例如 VR 中的 Go–Go 技术可以"扩大"使用者的四肢，使其能够"触摸"远端物体，从而在个人所触空间外执行命令。在更为广泛的 VR 研究中，Go–Go 技术也被描述为"小矮人灵活性"（Homuncular Flexibility），即一种把意识融入非人类实体并控制该实体的能力。在以往的研究中，研究人员把试验者放入到一个虚拟物体当中，如虚拟虾、虚拟牛等，在试验过程中发现，试验者能够简单地通过控制器来控制龙虾的多个肢节、牛的尾巴或四肢。这也证实 VR 能够强化用户化身为其他实体的强烈感受，以一种新的角度将用户的思想与体验提升到更高的层面。

2.1.2.2　用户界面元素

在 VR 界面中，用户界面元素起着至关重要的作用，不仅可以引导用户进行正确的操作，而且可以提高用户的体验舒适度和交互效率。下面介绍几种常见的 VR 用户界面元素。

1. 滑块

滑块（Slider）是一个用于调整数值的用户界面元素，它通常用于调整音量、亮度、速度等。滑块可以在虚拟现实中通过手柄或者其他设备进行拖动，非常方便。

2. 按钮

按钮（Buttons）是用户界面设计和交互设计的基本元素。按钮是用户交互的时候和系统沟通交流的核心组件，是图形化界面中最早出现的元素，也是最为常见的一种交互对象。按钮在用户需要执行一个任务时很重要，如进入下一关、切换摄像头角度等。按钮可以放置在不同位置，也可以在不同情境下变化和呈现。

3. 抬头显视

抬头显视（Head Up Display，HUD）是一种位于用户视野中心的界面元素，可以通过头部跟踪器实现跟随用户的视角变化。抬头显视可以展示用户当前的状态信息，如健康值、能量值、剩余弹药等，也可以展示虚拟环境中的任务目标、寻路指引等。抬头显视的优点是：它不会干扰用户的视野，能够在不影响用户沉浸感的同时提供必要的信息。

4. 光标

光标（Cursor）通常是一个在用户视线中的点或者一个特定的形状，可以通过手柄来控制。用户可以通过光标来进行选择、探测等操作。光标通常会在物体的周围留下一个轮廓，以便用户识别其边界，这种交互方式可以避免用户误操作，提高用户的交互效率。

5. 文字标签

文字标签（Text labels）通常在对象旁边显示，以描述这个对象的名称、用途和内容。VR 中的物品和场景往往都是新的，所以使用标签有助于让用户快速了解他们不熟悉的东西。

6. 菜单

菜单（Menu）在 VR 界面中扮演着非常重要的角色，用户可以通过菜单来进行选项、设置的修改等操作。菜单通常以层叠和渐变的形式呈现，可以在用户沉浸的同时提供必要的设置和操作选项。

另外，在沉浸式音乐制作界面的三维用户界面中，用于表示音效系统和参数的表现形式有 3 种：按钮或滑块的虚拟传感器；动态组件或反应组件；空间结构。这些不同的表现形式为音频制作方案提供了一系列的设计模板。例如，细粒度的个体参数控制可能更适合具有精确控制关系的传感器设备。然而，如果需要对正在应用的音频过程进行空间—视觉反馈，那么动态组件则相对来说更为合适。另外，由于空间结构可以用来表示排序器和参数之间的关系，一些 VR 音频系统可以使用空间结构来表示模块化合成单元或整个音乐音序器。

以上这些用户界面元素仅代表 VR 中较为常见的用户界面元素，实际上 VR 中还包括更多用户界面元素，如导航栏、进度条、提示等，非常丰富、多样化并复杂。由于虚拟世界无法像传统的平面界面那样简单地显示层次结构和组件，因此 VR 中的用户界面元素需要考虑更多的因素，如用户空间、运动模式、界面情境等。总体来说，VR 中的用户界面元素需要清晰、直观、易于操作和功能强大，这对于虚拟现实开发者来说也是一个不小的挑战。随着 VR 技术的发展，相信 VR 的用户界面将会变得更加优秀，会给用户提供更加独特的交互体验。

2.1.3　交互式音频制作系统

VR 中的交互式音频制作系统（Interactive Audio Systems，IAS）是一个正不断发展的领域。该系统是指任何涉及可以修改声音或音乐系统状态的人机交互的声音和音乐计算系统，其在新形式的声音和音乐体验中呈现出巨大的潜力。VR 音频制作和沉浸式音乐体验最先进的技术包括单用户和协同方法，并且该系统的各个部分在音乐体验中都会发挥不同的作用。通过理解和比较 VR 设计者所做的决策，可以进一步细化音频制作系统的类别。在之前的研究中，VR 交互式音频制作系统被分为 4 类：单用户系统、协同系统、集体系统和空间音频制作系统。我们之所以关注之前的这些领域（只在沉浸式音乐和互动声音制作中），是因为只有在这些领域中设计的比较和影响才能有一定程度的相关性。在我们对于 VR 空间音频制作系统的回顾中，所有系统呈现的都是双耳空间音频，但事实上有些系统是可以与扬声器阵列一起使用的，但我们暂不考虑这种设计。

在空间音频制作系统中，Invoke 系统和 Dear VR Spatial Connect 系统都允许用户在 VR 中录制运动，以控制声音对象。两个系统之间的主要功能区别是：Dear VR Spatial Connect 系统使用 DAW 来托管音频会话，VR 系统作为空间和 FX 自动化的控制层；而 Invoke 系统是一个独立的协作空间音频混合系统。当然，这些系统在空间和声音交互的设计方法上也有所不同。

2.1.3.1　Invoke 系统

Invoke 系统是一个专注于使用语音作为输入的表达性空间音频制作的协同系统。该系统混用了直接交互和间接交互来记录空间—声音关系。该系统的语音绘图功能允许在连续的多模态交互中对时空声波行为进行描述。声音输入以响度自动化的方式进行记录，而绘制的轨迹控制着空间化音频随时间的位置。通过这种自动化过程，轨迹被分割为一条带有多个控制点的贝塞尔（bézier）曲线，以便进一步进行协同操作。在用户界面的设计上混合使用了三维用户界面（音频对象，轨迹）和半透明的"屏幕空间"（手动菜单，世界空间菜单）。Invoke 系统的传送功能可以使用户通过所有菜单在虚拟空间中进行导航和传送，当然在传送时这些菜单都可以实时跟随用户。Invoke 系统是能够实现更详细化设计的系统，每个用户的身体、头部和手臂都可以进行表示，利用每个用户身上的额外传感器可以提供身体部分虚拟形象的精确定位。这也使得更细节的社会互动和空间感知成为可能。

2.1.3.2 DearVR Spatial Connect 系统

在这一系统中，采用间接交互的方法对空间中的物体进行控制：激光指针控制位置，而 VR 控制器的拇指杆控制与中心的距离。周边空间的设计除了界面面板和三维用户界面（如声源）之外没有添加任何功能，因为用户常常会将 360°全景视频投影到制作空间。另外，用户会被"固定"到空间的中心，再次与 360°全景视频的空间音频渲染透视视角一致。但中心设计不可避免的一个问题就是对多个远离中心的物体可能会缺乏透视。另外，疲劳和运动噪声（远处的物体在空间上"摆动"）也会影响远处物体的控制（这取决于输入设备设计和基于用户的人体工程学因素，如强度和电机控制）。

相比之下，Invoke 系统在混合音频对象时不会将用户限制在中心监听位置，用户可以自由地四处传送以获得不同的声音和视觉或交互视角。这一点很重要，因为声音的时空混合产生了轨迹和声音对象的复杂场。

2.1.3.3 Objects VR 系统

Objects VR 系统是一个与空间声音对象进行表达交互的系统。该系统使用三维几何图形和一系列新颖的交互映射提供与电子音乐的时空交互。用户的手部控制通过体感控制器或手控设备或手势追踪设备均可，体验则通过呈现。作为一个空间音频控制系统，物体位置是直接操作和基于"神奇"物理交互的混合。用户可以在空间中拾取和抛出声音，但轨道机制意味着声音对象总是会在抓取距离内移动。这种环境的一个新颖的空间特征是：当用户抓取特定对象时使用情境化用户界面，当用户抓取具有三维映射的对象时，会出现一个三维网格散点图来提供相对定位指导。当释放这个物体时，网格就会逐渐消失。系统设计和评估会跟踪用户的自然搜索，也能够探索在虚拟现实中进行创造性互动所需的形成要素。

VR 为空间音频制作提供了一个表面上很有前途的环境，这是一个可以从进一步研究虚拟现实交互方法中受益的专业工作的例子。技术的空间性质及其作用可以用于解决在空间中制作音频作品时遇到的问题（如空间参照框架在自我和观众之间的转换）。另外，空间表示的信息设计的复杂性管理也是一个非常重要的研究领域。这些改进的影响将体现在沉浸式娱乐等领域。在这些领域中，空间音频技术可以利用声音在空间中的位置作为观众体验的一个重要组成部分，设计出可以反映真实或想象的声音世界。

2.2　听觉孪生交互设计

2.2.1　共享虚拟环境中的声音交互

音乐一直以来都是以社交和协作的方式产生的，由于音乐是多模态的，音乐制作不仅包括产生的声音本身，还包括其他表现形式，如身体姿势、书面符号和草图等，以管理音乐的联合创作和生产。VE 为模拟这些多模态体验提供了绝佳的机会，并能够为协同音乐制作（Collaborative Music Making，CMM）探索全新的声音交互设计空间，例如用于网络表演和作曲的远程呈现。

2.2.1.1　共享虚拟环境

VE 一词可以追溯到 20 世纪 90 年代初，它是虚拟现实（VR）的竞争术语。两者通常都用来指完全由计算机模拟所创造的世界。在 20 世纪 90 年代中期，网络技术的发展使得在同一个 VE 中连接多个用户成为可能，从而催生了共享虚拟环境（Shared Virtual Environments，SVEs）。在本文中，我们用共享虚拟环境来指用户体验到其他参与者在同一环境中相互存在并可以进行人际交互的 VE 系统。事实上，虽然许多基于屏幕的协作系统把用户当作局外人看待，但 VE 提供了一个真正让人们沉浸在互动中的机会。与传统媒体相比，虚拟网络可能提供更大的社区意识和更直观的交互，并提供新的人机交互形式和人际交互形式。另外，VE 在模拟多模态感官和使人们以类似于现实世界的自然方式进行交互方面比其他媒介具有更独特的优势。

虽然共享虚拟环境在包括教育、娱乐、工作和培训在内的许多应用领域得到了广泛的研究，但在创造性方面的研究却很有限，包括协同声音交互（如协同音乐制作）。这导致了许多未回答的设计问题，例如，如何设计用户体验而不减小其中的创造性，以及如何设计空间配置以支持个人创造力和协作等。

1. 协同音乐制作

音乐制作作为一项协作活动，依靠传呼目标、理解和良好的人际沟通，长期以来一直是协作创造力的重要形式。尽管在数字技术的帮助下，面向多人的音乐制作工具已经变得越来越受欢迎，但这一领域仍未被完全探索。2003 年，布莱恩（Blaine）和费莱（Fels）就探索了协同音乐制作（CMM）系统的设计标准，并指出了主要特征，包括使用的媒体、玩家交互、系统的学习曲线、物理接口等；同年，受罗登（Rodden）的协作软件分类空间（也被称为群件）的启发，巴尔博萨（Barbosa）开发了网络音乐系统分类空间，他根据时间维度（同步/异步）和空间维度（远程/共定位）对协同音乐制作系统进行分类。另外，在其他学者的研究中，基于有形用户界面的例子，包括 reacTable，多个用户可以通过移动桌子上的有形物体来构建和演奏乐器，或是使参与者能够加入合作，进行音乐即兴创作的 Jam – O – Drum 等。

尽管许多协同音乐制作已经被开发出来，但它们中的大多数都依赖于用户处于相对固定的位置（如在计算机前）。而 VE 提供的头部跟踪和空间化音频有可能会潜在地打破这一链条从而解放用户。然而，这一研究领域很少有人探索，特别是在协作方面。

2. 视觉方法：三维注释

写作和素描经常被用作交流思想的工具，作为记忆的辅助，传达赞同、怀疑等想法。在对于协同音乐制作系统的研究中，软件 Daisyphone 和 Daisyfjeld 给用户赋予了一种共享的注释机制，它使合作者能够画出双方可见的线条，这也被认为是音乐制作的一个优势。从这个角度来看，这项研究的目的是探讨类似的视觉线索（如三维注释）如何影响 VR 设置时进行的创造性合作。而我们感兴趣的是探索如何在共享虚拟环境中使用这种功能来实现协同声音制作（即CMM）。

为了构建在共享虚拟环境中探索协同音乐制作的基础，塞拉芬（Serafin）等研究出了一种新的系统——Let's Move（Le Mo），它允许两个用户在共享虚拟环境中一起操作虚拟音乐界面，以创建一个音乐循环。Le Mo 在 Unity 中编程，模型和纹理分别在 Cinema 四维和 Adobe Photoshop 中制作。运行时环境包括两个 HTC Vive 耳机（每个都安装一个 Leap Motion）和两台通过局域网电缆连接并同步的电脑。Le Mo 目前有两个版本：Le Mo Ⅰ 和 Le Mo Ⅱ 。

Le Mo I 允许用户通过捏住拇指和食指并移动双手来绘制三维线进行注释，这些三维线对两个合作者都是共享和可见的，因此可以潜在地用于通信。为了避免杂乱，用户可以双手翻转向下以丢弃所有的三维线。另外，用户也可以随心所欲地随时添加或删除他们需要的线条。

（1）临场感。

临场感是一种主观体验，它会在极大程度上影响协作——了解自己和搭档在协作中非常重要。一项早期的研究发现，在分布式音乐制作中，许多参与者使用注释作为表达和衡量临场感的方式，帮助参与者了解彼此的存在。但在塞拉芬等的研究当中，只有两个参与者使用了注释来传达临场感，一个人写上"xiao b"（参与者的名字），另一个人写上"it me"（是我），告诉合作者他们的存在和身份。之所以很少有人使用注释来传达临场感，可能是因为虚拟形象也可以提供存在感和身份感，而且会直观地向合作者展示他们的位置，他们在做什么，他们在看什么。另一个原因可能是这些合作者是在同地协作，或者在进入虚拟世界之前，他们在现实世界中可能已经见过面。

（2）实现目标。

注释也被用于协同音乐制作的过程，下面将探讨 4 个方面。

①轮换。尽管 Le Mo I 允许同步编辑共享的音乐循环，但在某些情况下，参与者会轮流参与制作音符，并使用注释来管理这个过程。比如参与者可以写出"let me"或者"you do"来进行创作中主动角色的切换。通过这样做，正在进行创作的主动用户可以要求或放弃对音乐界面的完全控制，直到他们同意轮换回来。需要注意的是，音乐界面没有明确的所有权控制，所以在这些情况下，参与者是通过这些注释来自我管理他们对共享音乐循环的访问。

②作曲构思。一些注释还能用于表达在作曲过程中在不同层面出现的创意的看法，包括：最高层面——音乐风格；中间层面——音符形成的模式；最基本的层面——单个音符。通过画线对齐网格上可能的音符，可以勾勒出参与者的创作思路。不过与揭示音乐理念的注释相比（如将音乐标注为中国风），这些注释通常是在激活相应的按钮以制订和分享计划之前绘制的，这样搭档就可以帮助构建注释序列。有时，这些作曲草图也可能是在之后绘制的，用于展示作曲中的一些创意或构思。在这两种情况下，这种注释可能帮助参与者更好地制订或理解协同音乐制作的计划或想法。

③工作区域与任务安排。注释还用于划分工作区域和管理参与者在 VE 中的工作重点。参与者画一条水平线将音乐界面分为两个部分，每个部分由一个参与者负责。画好线后，这对组合在各自的工作区域内组合，之后写一个"Switch"（转换）要求切换位置（即从上到下，反之亦然）。这些注释可能有助于参与者的工作区域和空间管理。

④困惑表达。参与者可以利用注释写一个"what"（什么）或画一个问号，

以表达对搭档行为的困惑，因为这些注释是在搭档修改笔记、画画、写字或做手势之后直接做的。

（3）质量。

在创建一个音乐循环时，对作品质量的反思和交流对于顺利合作、确保高质量的最终结果至关重要。在 Le Mo I 中，参与者使用注释来表达和交流他们对作品质量的判断。这些注释通常是简短的单词或简单的形状，要么是积极的（如 OK、Nice、Cool、Good、心形），要么是消极的（如 No）。一些令人困惑的表达，如"？"可能是对质量有疑惑，而不仅仅是对过程的问题。有趣的是，当时间关系发生变化时，一些积极词汇可能会表达不同的含义。例如，在音符添加后不久写一个"yes"，意味着作者对添加的音符感到满意，而在添加某个音符很久之后写一个"OK"，则与这个添加音符的关系更少；而更多地意味着对整首曲子更满意。这些新兴的基于注释的判断有助于合作者交流对所做作品的感受，减少想法上的变化，并加强在一些活动上的合作。

（4）社交。

除了音乐制作和过程管理，注释也可以用于非任务相关的活动上。比如一个参与者在音乐制作的过程中开始利用三维注释进行社交绘画活动，他的同伴看到后就可以加入绘画活动中并共同完成绘画创作。虽然社交注释对音乐没有直接的贡献，但是制作这些轻松的图画，作为一种社交互动，有助于建立合作者之间的亲密关系。

（5）强调。

在协同音乐制作过程中，三维注释也可以通过绘制出箭头对特定片段的位置进行标定。在 Le Mo I 的参与者的交互中，只有一个参与者画了箭头并引起了同伴的注意。但是在这种情况下，箭头是为了吸引人们对活动的注意，而不是强调共同创作的某个特定部分。在 Le Mo I 中，注释没有用于强调特定片段的原因可能是参与者可以简单地通过挥手然后指向某个位置来吸引对方的注意力。

对于共享虚拟环境的声音交互设计，以上研究的表明，共享虚拟环境的三维注释可以使得音乐制作作为一种交流工具，其中联合产生的声音优先于其他模式——在我们的研究中是协同音乐制作。虽然 Le Mo I 的注释支持音乐的共同创作，但也产生了一些问题。具体地说，在我们的研究中做注释和观看注释与现实生活中的日常体验非常不同。参与者需要习惯通过捏和释放手指来控制笔触。另外，与使用真笔进行书写或绘图相比，Le Mo I 在支持这些方面的准确性较低。为了增加书写内容和草图的可读性，参与者倾向于在更大的尺寸上书写或绘画，这导致了他们能写或画的数量的限制。但从积极的方面来看，更大的尺寸使得同时书写和绘制成为可能，这扩大了注释动作的范围，使其不再个人化，更有利于社交，更适合多人共同参与。我们在研究中还发现了另一个问题，那就是因为三维注释可以从多个角度进行观看的，所以对于参与者的合作者来说，编写的文本很有可能是镜像的，尤其是当他们在彼此之前的空白处进行书写时，这就显然降低了注释的可读性，因此如何能够解决 VR 中三维注释的镜像问题会是未来的一个研究方向。

3. 听觉方法：增强声衰减

当声音在介质中传播时，会随着强度的降低而衰减。声音衰减是声音测距的核心之一，它使人类能够利用他们与生俱来的空间能力来检索和定位信息，并提高性能。虽然增强真实介质（如空气）的声音衰减是困难的，但这可以在 VE 中通过音频模拟很容易实现。然而，很少有研究探讨声音的空间化如何影响或帮助在 VR 环境中的协作。考虑到声音既是主要媒介，也是创造性任务的最终输出，通过改变声音，不同的声衰减设置可能会不同地影响协作。由于在沉浸式虚拟环境中能够修改模拟的声音衰减，我们可以通过增强声音衰减来达到创建声音隐私的目的，并以此作为个人空间来支持协同音乐制作中的个人创造力，从而有利于提高群体创造力。

（1）假设。研究表明，应该允许用户按自己的节奏在个人空间中单独工作，在共享空间中合作工作，并在协作过程中在两个空间之间顺利过渡。在塞拉芬等之前的研究中，构建了 3 种不同的空间配置：公共空间；公共空间且公共可见的个人空间；公共空间但公共不可见的个人空间。并测试了这些空间配置对共享虚拟环境中协作音乐制作的不同影响。结果表明，在共享虚拟环境中增加个人空间有助于支持协作音乐制作，因为它提供了一个探索个人想法的机会，并提高了生成音符的效率。然而，随着个人空间的增加，一些负面影响也出现了，例如参与者之间的平均距离变长，从而导致团队空间和共同编辑减少了。造成这一结果的原因可能有两个：①分散的个人空间使得参与者不得不放弃彼此交流，导致参与者之间的距离变长，协作减少；②公共空间与个人空间之间的界限使参与者更加孤立。因此，如果能够允许用户在个人空间中工作而不将彼此远离可能是克服这些缺点的关键。

为了使个人和公共空间之间的转换更加灵活，二者之间的分离应该是渐进的而不是过于分明的。衰减特性可以应用于形成一个渐进的个人空间，实现个人空间和公共空间之间的逐渐过渡。这是因为声音既是协作任务的主要媒介，也是协同音乐制作的最终结果。因此，通过操纵声波衰减，可以产生声音隐私，第一个假设就是基于此形成的。

①衰减可以起到类似于虚拟环境的声音交汇（SIVE）中协同音乐制作中具有刚性形式的个人空间的作用，为合作者提供一个个人空间，并在协作过程中支持个人创造力。

另外，声波衰减并不是指与公共空间严格分离的个人空间，其能够实现个人与公共工作空间之间的逐渐转移，这可能会增加体验的流动性，并更好地支持协作，这也就形成了第二个假设。

②声波衰减在个人和公共空间之间提供了更为自然过渡（没有分明的界限或严格的形式）。与严格独立的个人空间相比，这对协作的负面影响更小。

（2）试验。为验证这些假设，塞拉芬与一些学者共同进行了一项试验。

首先，招募了 52 名参与者并让其两两组队。这些参与者本身对乐理知识的掌握程度不一，大多数参与者在试验前就非常熟悉他们的搭档，一小部分参与者在此前与他们的搭档见过几次面或完全不认识。

其次，整个试验在 Le Mo II 中进行。所有关于 Le Mo II 支持的交互手势都由试验者进行演示，以确保所有参与者都能完全掌握 Le Mo II 的互动方式。在演示结束后参与者所要做的就是进行 4 次共同音乐创作的讨论，每次的时间设定为 7 min，其中两次随机的设定环境为 Cpub 或 Caug，以平衡学习效果。为了激发参与者的创造力，相应地在创作中引入了 4 个可视的、无声的动画循环，这些动画被投影在 4 个虚拟屏幕上，参与者都会在不同的虚拟屏幕上进行一次试验。当然，这些片段都会以完全随机的顺序播放，以确保对研究没有影响。参与者创作的结果必须使双方满意并且能够适配于提供的动画循环。

最后，在创作结束后会对参与者进行一个简单的参与问卷和采访。

其中整个试验的设定了不同的空间构型作为自变量，包括以下几个方面。

①公共空间（Cpub）——在这里玩家可以生成、删除或操作音乐界面，并拥有对所有空间和音乐界面的平等访问权。由于没有提供个人空间，公共空间和个人空间之间不存在转移，即用户不能转移到个人空间。

②公共空间＋增强衰减个人空间（Caug）——音量下降得更快，创造了一个声音隐私，可以被视为一个个人空间。由于音量随距离的变化而逐渐变化，个人空间与公共空间之间的转移是渐进的。

（3）结果。没有个人空间的问题是很明显的，特别是在上述研究的音乐制作任务中，参与者反映，如果没有个人空间，听觉背景可能会混乱，难以发展自己的想法，他们的创造需要一个更安静、更可控的环境，而个人空间可以提供这种环境。考虑到个人创造是协同创造力的重要组成部分，提供这样的环境是至关重要的。根据研究来看，拥有个人空间是"一个额外的优势"，因为它可以促进他们自己的创造力，然后可以将其结合起来，应用到共同作品中并呈现出更好的结果。这也证实了个人空间是有帮助的，因为它提供了一个自由探索个人想法的机会，然后为协作工作增添了更多的动力。

但是，个人空间也确实带来了一些影响。如之前的研究显示，在公共空间之外增加个人空间会导致团队空间和共同编辑的机会减少，个人空间过大、编辑过多，合作者之间的平均距离大而彼此之间的关注较少。

另外，Caug 提供了一个"适当的背景"，在这个背景下，参与者感到"压力较小"，能够"定制"个人组成来匹配共同工作，以及一个足够个性化的空间，以"单独工作"。在最终的问卷中，Cpub 和 Caug 之间没有发现重大差异，说明 Caug 提供了一个非常温和的解决方案，对参与者的协作行为的影响有限，同时仍然为协作过程中的个体创造力提供了足够的支持，因此假设得到了验证。

与 Cpub 中的自然衰减相比，Caug 增强的声音衰减设置强制或促使参与者更密切地工作，以便更好地交流。与增加具有独立可见的个人空间相比，Caug 中无形的渐变边界减少了个人空间与公共空间的分离，提高了个人空间与公共空间的一致性，因此假设二也得到了证实。最后的问卷显示，Caug 是最受欢迎的，原因主要是由于其独特的优势：①Caug 是一个适合发挥创造力的环境；②更容易识别声音；③被认为是更"真实"的（尽管 Cpub 更类似于真实的声音衰减）。正是由于这些原因使得 Caug 能够更好地支持协同创作，从而也更受欢迎。

对于上述两种方法的研究，不难看出添加三维注释系统可以帮助合作者的沟通，特别是为避免一些影响而使共同生成的声音必须优先于其他模式的情况下。而对于共享虚拟环境（SVEs）中音频相关的任务中，应考虑增加个人空间，因为它为个人创造力的发展提供声音隐私和基本支持，这是协作创造力的关键部分。在诸如协同音乐制作等任务当中，使用声音衰减作为个人空间可以有效地让参与者通过调整他们的相对距离，在个人和公共工作空间之间不断切换，与严格独立的个人空间相比带来的负面影响更小。由于增强声音衰减会导致协合作者听到的内容有所不同，因此，三维注释系统只适用于对音频输出没有严格要求的环境。未来的工作将涉及如何同时应用多种模态方法，并设计和应用基于其他模态的工具，以支持共享虚拟环境中的协同声交互，如视觉模态。比如将增强声音衰减和三维注释一起应用，或者通过一个灵活的开关选择应用，这样用户可以在协作合成的不同阶段选择适合自己需要的特征。而对于每一种模式，测试如何增强或减弱感知以调整其影响水平也是一个需要长期实现的目标。

2.2.2 共享虚拟环境中的多感官具身交互

在现实世界和虚拟世界中，我们通常会结合至少一种额外的方式来体验声音，如视觉、触觉或生理感受。因此，我们与物理世界和虚拟世界的大多数互动都是通过不同感官模式的组合实现的。听觉反馈通常是触摸产生的动作的结果，并以听觉、触觉和视觉反馈的组合形式呈现。例如，行走这一简单动作，听觉反馈是由鞋子与地面的相互作用产生的声音给出的，视觉反馈则与周围的环境有关，而触觉反馈是一个人站立或踩踏地面的感觉。这些不同的感官体验必须被同步感知，以便于在过程中保持动作体验的连贯性。

多感官感知和认知的研究可以为我们如何设计交互式声音发挥重要作用的虚拟环境提供重要指导。利用先进的技术如移动技术和三维界面等，设计具有与物理世界相似的自然多模态特性的系统已经成为可能。在设计这些交互式多模式时，理解声音如何增强、替代或改变我们感知世界和与世界互动的方式是一个重要的元素。而在未来，开发这种自然的多模态界面仍然会是一个巨大的挑战。

2.2.2.1 听觉—视觉交互

由于听觉和视觉是人类感知系统中最主要的模式，关于听觉与其他模式之间的多模态交互的研究主要集中在听觉与视觉之间的交互。一个众所周知的多模态现象就是麦格克效应，这是一种感性的认知现象，表现出在语音感知过程中听觉和视觉之间的相互作用。有时人类的听觉会过多地受到视觉的影响，从而产生误听的现象。例如，当"ba"的发音和"ga"的嘴唇动作一起看时，会被认为是"da"。当然在这种情况下，听觉与视觉刺激的感知是不同的。当听觉和第二模态提供相互矛盾的线索时，感知偏差就会产生，这就是一个典型的例子。

迄今为止多数不同的试验表明，当提供相互矛盾的线索时，视觉比听觉更占优势。然而，情况并非总是如此。美国加利福尼亚大学的拉丹·沙姆斯（Ladan Shams）和神谷之康等在《自然》杂志上发表了题为《错觉：所见即所听》的研究报告，首次提出了一种全新的错觉现象——声音诱发闪光错觉（Sound Induced Flash Illusion，SIFI），即当一个视觉闪光伴随多个听觉哗声时，单个视觉闪光会被错误感知为多个视觉闪光，这种现象称为裂变错觉。反之，当多个视觉闪光伴随一个听觉哗声时，多个视觉闪光可能会被错误知觉为一个视觉闪光，这种现象称为融合错觉。

在此之前，美国布兰迪斯大学的罗伯特·塞库勒（Robert Sekuler）等在《自然》杂志上发表了一项试验研究发现：声音能够改变对视觉运动的感知。在这一试验中，两个完全相同的圆点进行相对运动，然后重合，再分开。在这种情况下，受试者的感知就可能有两种：①两个圆点首先经过碰撞后反弹，再返回各自原来的路径进行运动；②两个圆点在重合之后，继续沿着其原来的方向前进运动。因为碰撞通常会产生一种特殊的碰撞声音，所以当物体相遇时引入这种声音可以促进反弹和经过的感觉。这个试验通常被称为运动—反弹错觉。在研究中，罗伯特·塞库勒等发现，任何暂时与即将发生的碰撞一致的瞬时声音都会增加反弹感知的可能性，包括一个暂停、屏幕上的一团光或者圆点的突然消失。这对视知觉而言是质的变化，表明听觉能影响视觉感知，在视听整合过程中表现听觉主导视觉的现象。在其他基于时间的能力方面，如精确的时间处理、时间定位和时间持续时间的估计等，听觉也有很大的优势，因为听觉的时间分辨率比视觉更高。比如在多媒体语境（电影）中，研究者发现参与者语义差异评级的变化更多受到的是其中音乐成分的影响，而不是视觉元素。有趣的是，当视觉信号与听觉和触觉信号同时呈现时（即作为三感官组合），大卫·赫奇特（David Hecht）的研究指出了视觉优势的消失，并且得出的结论是：虽然视觉可以支配听觉和触觉，但这仅限于双感觉的组合。

最近更多的调查研究了生态听觉反馈在影响视觉内容的多模态感知中的作用。例如视觉和听觉信息对运动物体轨迹感知的综合感知效应：播放一段在三维盒子中移动的球的视频，并将视频分别与静音、滚球声音或球击地声音进行搭配，结果发现声音条件会影响观察者更有可能感知到球是在盒子的边缘向深处滚动，还是在盒子的正平面上跳跃。

作为听觉和视觉之间的额外交互，声音可以帮助用户在一个杂乱的、不断变化的环境中搜索对象。在动态搜索任务中，参与者被指示在各种干扰物中搜索视觉目标，而与视觉目标的颜色变化同步呈现的听觉刺激可以大大提高搜索视觉对象效率，这也就是所谓的"喷射效应（pip and pop effect）"。视觉反馈也可以从多个方面影响音乐表演，如舒茨（Schutz）和利普斯科姆（Lipscomb）提出了一种视听错觉，在这种错觉中，音乐专家的手势在不改变声音长度的情况下影响了音符的感知时长。为了证明这一点，他们录下了一位世界著名的马林巴琴演奏者用长短手势在马林巴琴上演奏单个音符的声音。他们将这两种声音与两种手势配对，形成自然刺激（手势与音符一致）和混合刺激（手势与音符不一致）的组合。他们告诉参与者，一些组合的听觉和视觉不匹配，并要求他们仅根据听觉来判断音调持续时间。虽然有这些提示，参与者的持续时间感知仍然受到视觉上手势信息的强烈影响。事实上，与长手势搭配的音符比与短手势搭配的音符被认为持续时间更长。这些结果在某种程度上令人困惑，因为它们与对音调持续时间的判断相对不受视觉影响的观点相矛盾；换言之，在与时间相关的任务中，视觉对听觉的影响可以忽略不计。然而，这些结果不是基于信息质量，而是基于感知的因果关系，因为在这种模式中，视觉影响取决于是否存在一种生理上可信的视听关系。

事实上，也可以考虑视觉和听觉的特征来预测在提供相互矛盾的信息时哪种模式会更有优势。关于这个问题，一方面，迈克尔·库伯（Michael Kubovy）和大卫·法肯堡（David Falkenburg）引入了听觉和视觉对象的概念。他们描述了听觉和视觉的不同特征，表明视觉的主要信息源是表面，而次要信息源是信息源的位置和颜色。另一方面，听觉的主要信息源是声源，次要信息源是表面。关于我们的大脑如何合并来自不同模式的不同来源的信息，特别是听觉、视觉和触觉。第一种方式称为感觉组合，这意味着从不同的感觉模式传递的信息的最大化。第二种方式称为感觉统合，这意味着减少感觉估计的差异，以增加其可靠性。感觉组合描述的是非冗余的感觉信号之间的相互作用；感觉统合描述的是冗余信号之间的相互作用。

通道精确，经常被引用在试图解释在什么情况下哪种情态占主导地位。根据这个假设，人脑会自动选择更为可靠的感官通道来作为认知信息的来源，即差异总是会以更精确或更适当的方式得到解决。例如，在空间任务中，视觉模态通常占主导地位，因为它在确定空间信息方面是最精确的。然而，这个术语是有误导性的，因为并不是方式本身或感官刺激占主导地位；相反，主导地位取决于估计值以及在特定模式下从给定刺激获得的可靠程度。

在实际设计过程中的一个主要难题就是音频界面应该在多大程度上保持视

觉界面的约定。事实上，大多数听觉显示的尝试都试图模拟或将视觉界面的元素转化为听觉模式。虽然用声音改造视觉界面可以提供一些跨模式的一致性，但这种方法的限制可能会阻碍听觉界面的设计。视觉对象主要存在于空间中，而听觉刺激则是在时间中发生的。因此，更合适的听觉界面设计方法可能要求设计师更关注于听觉能力。这样的界面可以随着时间的推移以快速、线性的方式呈现界面的条目和对象，而不是试图提供视觉界面中空间关系的听觉版本。

2.2.2.2　具身交互

一个健全的感官生态系统应该包括视觉、味觉、听觉、触觉、嗅觉等多个感官，这些感官通过自身不同的敏感性共同构建起对事物的具体感知，各个感官之间的交互也需要人与环境持续的动作反馈循环。主体也正是凭借这种多感官的综合使用而构建对周围事物的感知和对所处世界的理解。目前为止所做的试验都假设参与者被暴露于一系列的视听刺激中，并被要求反馈由此产生的感知体验。当一个主体与所提供的刺激进行相互作用时，感知运动耦合就会被启动，这是具身感知的一个重要特征。

具身交互的表现形式是当今科技时代下人机交互的一个重要的新方向，在这一过程中强调的是生理体验与心理体验相互融合、相互感知的过程。相对于临场感、沉浸感，具身认知可以说是在 VR 以及相关场景中"最强大的贡献"，因为它将沉浸感与临场感从心理层面提升到了物理感知层面，借助于化身实现了虚拟世界中的交互与参与。当主体以一种完整的生物个体形式融入虚拟系统时，其化身也就具备了自我意识，在克服时空障碍的"去远"功能的同时使得参与者可以实时地以"遥在"的方式出场，在现场之外远程进行体验与感知，满足了参与者体验可能在现实中无法体验的事件，如战争、病毒等。在影像方面，VR 电影的出现使得人们的观影方式增加了无限可能，譬如在电影《火星救援》中，观众可以化身为主人公马克·沃特尼进入到影片中的世界，可以观察火星环境、在火星上种土豆、开动吊车移动太阳能板、刺破宇航服通过氧气喷射缓缓靠近来救援的飞船最终逃离火星等动作。观众不仅体验了情节氛围，更是直接参与推动了剧情的发展。又或者是现今在年轻群体中火热的剧本杀，相对于一些 app，这种剧本杀可以提供完全沉浸式的场景、角色代入的服装剧情、多维互动的情节引导等，最大程度上提升了玩家的具身体验与感知，使得玩家能够沉浸式地体验整个游戏过程，从而刺激玩家主动建立彼此的联系。从角色扮演到具身感知，这种沉浸式的多感官体验给玩家带来的互动是开放、直接且完整的。

总之，具身交互技术作为一种指向生理感知的媒介，实现了从过去以身体为媒介建立的人与世界的具身认知关系，转向一种人与机器之间的具身共融关系，实现了人们对于虚拟环境的确切认知和体验。但关于参与者完全的具身实现，例如在 VR 电影中的任意探索或是与其他角色的社交互动，仍然还有很长的路要走。

2.2.2.3 听觉—触觉交互

尽管对于听觉与触觉交互的研究没有视听交互那么广泛，但不可否认的是在多感官融合的人机交互中，听觉与触觉的紧密联系仍然是一个重要的研究领域。一般触觉是指通过微弱的机械刺激引起皮肤表层触觉感受器的兴奋，但其实更广义的触觉还包括较强的机械刺激导致皮肤深部组织形变而产生的压觉。

事实上，听觉和触觉对于以振荡形式出现的机械压力都十分敏感，也正是由于这两种感官所传达内容的紧密性支持沿着感觉通路在不同层次上的综合性质的相互作用。当一个人接触到一样物品时，听觉会首先对这个物品进行判断，比如 2005 年牛津大学的查瑞德·斯宾塞（Charles Spence）从吃薯条发现，人们是通过听咬薯条的声音来判断其脆的程度的。如果把咬薯条咔嚓声降低，或者抑制其频率的话，人们则会感觉这个薯条是不脆、不新鲜的。赫尔辛基科技大学的维克科·茹斯马基（Veikko Jousmäki）发现的羊皮纸皮肤错觉也印证了这一观点：让招募来的受试者站在支起的麦克风前揉搓自己的双手，同时将揉搓的声音通过麦克风用耳机再播放给他们听。当揉搓的频率加剧时，受试者普遍会感觉自己的手很干很滑，就像羊皮纸一样；当频率降低时，受试者则会感觉到他们的手好像变粗糙和湿润了。这是听觉与触觉之间跨感官交互的一个典型的例子。另外，还有许多有趣的试验，如大理石手错觉：在轻轻敲击参与者的手的同时敲击大理石，使敲击大理石的声音覆盖原本敲击皮肤的自然声，从而会影响到受试者对自身手部材料产生错觉；或是通过一些技术改变脚步声的轻重可以影响受试者对体重的感知等。这些身体错觉都表明人们对于事物的体验可以通过多个感官的整合进行快速更新。当听觉—触觉接口融入了人工时，我们甚至可以控制更细微的变化和感知，由此来判断受试者所受到的影响。北川智利（Norimichi Kitagawa）在 2005 年开展的一项试验，对听觉和触觉在近空间中相互作用进行了分析，在试验中使用画笔轻轻拂过假人头部的左耳并记录下声音，并将这个声音通过耳机播放给受试者听。当声音靠近参与者的头部时，参与者会有痒的感觉；当声音远离头部时，则不会产生痒的感觉。

　　另一种动态的声音对象是通过数据的物理化得到的，这是利用当前的技术手段如 3D 打印可以将物体的声学特征（振动、声音特征等）以物理形式呈现出来。将数据物理化以后，用户就可以进行更具体、直观和自然的体验，如敲击、按压、旋转。由于物理操作产生的声音效果可能会受到材料属性、形状、相互作用的模式以及时间事件等的影响，其振动很大程度上取决于数据的三维形式。虽然其形成和发展是一个漫长的过程，但结合 3D 打印技术对于这一领域的探索和研究将会有很好的推动作用。来自哥伦比亚大学计算机科学学院的郑昌熙副教授及其团队在 2015 年开发了一种新算法，并通过该算法利用 3D 打印技术打印出了一组动物形状的金属木琴。他们在算法中输入木琴外形信息以及用户定义的频率和幅度谱，并通过形变和穿孔技术自动优化琴键的形状，最终发出了这些动物特定的声音。郑昌熙表明："我们开发出的这种计算机新算法不仅能够改进发声乐器的设计过程，而且可以更好地控制物体的声学特性。该项目无论是在获得理想的声音频谱还是抑制噪声方面都蕴含着巨大的潜力，让我们朝着以全新方法设计物体的方向迈出了第一步。"这一关于乐器的研究也或将启示新的人机交互界面设计。

　　在物理世界中的更精准模型的实现和更精确测量的实现通常以时间上的延迟为代价，在多感官模型中，确保不同感官模式之间的时间同步也至关重要。对于科学研究来说，学者更关心的是准确性，如果将时间方面的问题统称为响应性，那么对于人机交互的设计者来说，响应性则是所有考虑中最为根本的因素。很显然，如何能够平衡准确性与响应性将是下一阶段以致长期研究中所要解决的重要问题。

　　在本小节中提到的所有试验都是为了更好地理解人类的听觉系统是如何与视觉、触觉系统建立起联系的，以便这种多感官的交互能够更广泛地应用到各个领域中，如触觉感知作为听力或视力受损人群的感官替代系统。如今的各种技术手段也让学者能够以更多的方式对多模态交互设计进行研究，也为发现新的跨模态错觉和感官之间的交互创造了更多的可能。当然，在目前的研究中的挑战不仅在于理解人类如何处理来自不同感官的信息，还在于了解多感官系统中的信息应如何分配到不同的感官，以获得最佳的用户体验。总而言之，关于人类与物理世界的互动方式了解得越多，我们就越能获得设计有效的自然多感官交互界面的灵感。

2.2.3 虚拟声场的设计与实现

基于听觉孪生系统的虚拟舞台搭建流程，是通过引擎实现场景复现，进而在场景中引入音频，实现对现实中音乐会的声场渲染。

首先，搭建音乐会舞台场景模型，具有简单的舞台材质和舞台相关组件，可以根据自身的需要搭建场景，并且附带材质球，可以在自己需要的情况下设计自身需要的舞台配置资源，具有较好的可塑性。

其次，在音乐会舞台场景模型基础上，改进模型的基础材质。在原有基础颜色的基础上加入了真实的金属纹理效果，使金属质感更加真实。图 2-1 是场景搭建以后的初级效果，在之后的场景搭建中会有更多的改善和创新。

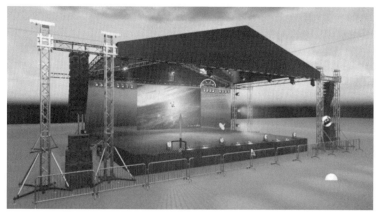

图 2-1　虚拟音乐会数字舞台模型界面

2.2.3.1 虚拟声场的设计

本文设计了 12 个扬声器，包括顶部左、右前置和左、右后置扬声器 4 个，右后场和左后扬声器两个，左环绕声扬声器和右环绕声场扬声器两个，左、中和右扬声器 3 个，超低音音箱 1 个，如图 2-2 所示。其中，顶部左、右前置和左、右后置扬声器使用相同的全音域设计，根据主聆听座位进行放置；右后扬声器和左后扬声器通过进一步定位音效来增加听感体验的强度，将它们布置在座位区的后面，与中心呈 135°~150°角；左环绕声场扬声器和右环绕声场扬声器，营造逼真的空间感，提供环境音效，将这两个布置于座位位置略靠后的区域并形成一定的角度，最好刚刚高于耳高；左、中和右扬声器有助于音乐随舞台灯光的变化而变化；超低音音箱可发出最强的低音，从而为音乐增加力量。

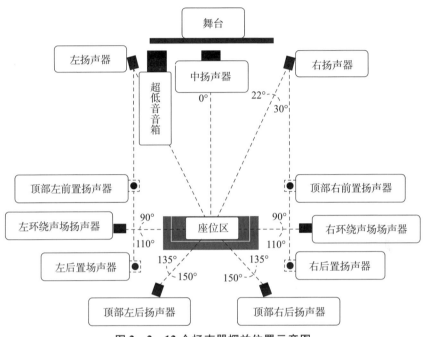

图 2-2　12 个扬声器摆放位置示意图

在 UE4 的虚拟舞台中设计 12 个扬声器摆放位置，让每一个扬声器都能发出不同的声音，每一个扬声器都有自己独立的声源，从而形成全新的前置、环绕、吊顶声道，让外放的环绕声带来身临其境的音效体验。

2.2.3.2　虚拟声场在 UE4 中的实现

（1）将 12 个音频文件导入 UE4，如图 2-3 所示。遵循多声道音频扩展名约定，导出多声道声音资产将为每个声道创建一个 . wav；在 UE4 的内容浏览器中，单击"导入"按钮，找到并选择 . wav 文件，单击"打开"按钮，将音频文件导入项目；导入进度栏填满后，内容浏览器中出现一个四通道声音资产，表明 UE4 已成功将音频文件导入到项目中，然后单击"全部保存"按钮；出现"保存内容"对话框后，继续并单击"保存所选内容"按钮以保存导入的资产，单击"保存所选"按钮后，UE4 删除星号，表示音频文件已成功保存，将鼠标悬停在内容浏览器中保存的资产上，以查看声音资产属性。

图 2 - 3　导入 UE4 的 12 个音频文件界面

（2）将 12 个虚拟音箱放置到 UE4 虚拟音乐舞台场景中，使用 UE4 自带插件对这 12 个虚拟音箱进行重置坐标；打开 UE4 插件选项，简化"mode"（插件全名为 Modeling Tools Editor Mode），如图 2 - 4 所示。选择插件勾选启用，并重启 UE4 引擎；在模式中选择建模，建模选项中找到"Transform"栏目下的"编辑枢轴"，并单击选择；选择 12 个虚拟音箱进行修改坐标，先在顶视图修改在，再在左视图修改，把坐标分别修改设置在 12 个虚拟音箱的中心。修改完成选择"接受"；接下来分别将重置过坐标的 12 个虚拟音箱按照图 2 - 2 放置到虚拟舞台相应位置中，在 12 个虚拟音箱中分别添加 12 个导入的音频。

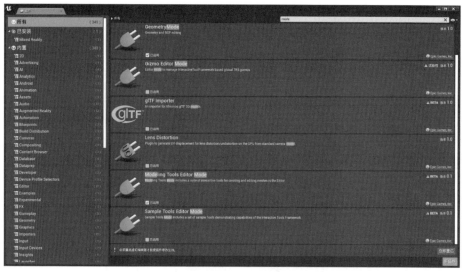

图 2 - 4　启用 UE4 Modeling Tools Editor Mode 插件界面

（3）本试验采用卷积混响的方法增加音频混响效果。此方法是利用现实场景中采集的脉冲信号来处理音频，让音频可以获得近乎真实的混响效果。所谓脉冲信号就是 . wav 音频文件，就是在现实场景中发出一个短暂而又尖锐的声音，然后在混响时间内录制音频。

　　第一步：音频卷积混响效果实现。首先进行 UE4 试验环境配置，准备混响脉冲响应库（Echo Thief Impulse Response Library）资源包，如图 2 - 5 所示。将资源包解压导入 UE4 工程，在混响脉冲响应库资源包里找到各种音质好的混响音频，挑选 1 个混响音频复制在导入的 12 个音频文件处；接着点击右键创建一个脉冲响应，再创建一个声音混响（Sounds Mixs）；然后再创建一个声音混响效果预设，在混响预设里将刚才的脉冲响应引用进来，接着在声音混响把混响预设引用进来；最后在需要做混响效果的音频文件里把刚才的声音混响引用进来，通过调整发送电平（Send Level）的取值来进行混响预演。

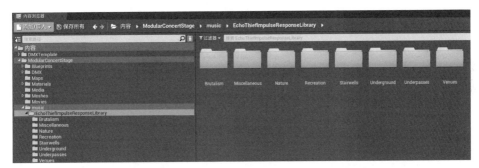

图 2 - 5　Echo Thief Impulse Response Library 资源包目录界面

　　第二步：音频真实立体声效果实现。首先对导入的 12 个虚拟音箱进行效果测试，创建一个效果链，再创建一个源效果预设（Source Effect Preset）效果。图 2 - 6 为创建出来的音频效果。将源效果预设效果添加到效果链里，然后在测试音频文件里引用效果链，播放音频测试。将 Pan 值调整到 - 1 或者 1 之后，会发现有一个声道的音量是百分之百，而另一个声道的音量是 0。这种情况不论在真实世界或是虚拟音乐会中都是不应该出现的，所以要在音频卷积混响中增加真实立体声。打开之前创建的脉冲响应文件，里面有一个真实立体声的选项，勾选后再次测试，这时立体声的效果就更加真实，会使用另一个声道的声音作为脉冲信号来做混响。

　　第三步：音频混响范围的限定。首先混响可以很好地和声音衰减结合起来。先把之前在测试音频添加的效果去掉，创建一个声音衰减；然后在衰减里添加之前的混响效果，进一步根据场景的大小调整衰减的范围；接着在测试音频上引用声音衰减，在场景中进行音频测试，图 2 - 7 为将上述创建的效果应用到音源中。

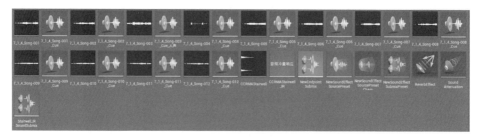

图2-6　创建出来的各种音频效果界面

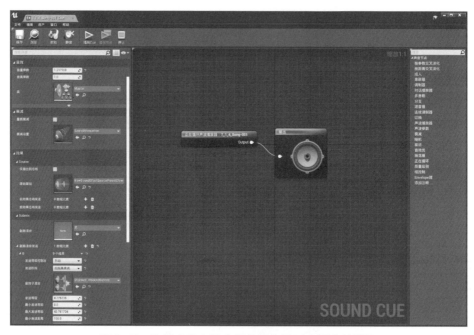

图2-7　将创建出来的音频效果应用到音源中的界面

　　第四步：在UE4中使用蒸汽音频（Steam Audio）的空间化插件和混响插件。蒸汽音频的空间化插件使用头相关传输函数（Head Related Transfer Function，HRTF），以双耳方式渲染直接声音，以准确模拟声源相对听者的方向。用户可以了解源的高度，以及源是在他们的前面还是后面。蒸汽音频的混响插件可以分析场景中房间和对象的大小、形状、布局和材质属性，使用这些信息通过模拟声音的物理特性来自动计算环境影响。使用蒸汽音频的混响插件时不必在整个场景中手动放置效果过滤器，也不必在各处手动调整过滤器。蒸汽音频的混响插件使用自动实时或基于预计算的过程，在整个场景中计算环境音频属性（使用物理原理）。蒸汽音频的混响插件还可以计算卷积混响，这涉及在整个场景中的几个点计算脉冲响应（IR）。卷积混响会产生令人信服的环境，听起来比参数混响更逼真，对于室外空间尤其如此。

参数混响有以下几个限制。

（1）使用蒸汽音频的空间化插件，首先启用蒸汽音频；在虚幻编辑器主菜单中，单击编辑 > 插件选项，在插件窗口的左窗格中，在"内置"下，单击"音频"选项，滚动插件列表，直到看到 Steam Audio，之后，选中已启用，如图 2-8 所示。然后在 World Outliner 选项卡中，选择包含要空间化的音频组件的 Actor；在 Details 选项卡中，选择要空间化的音频组件；在衰减下，选中重载衰减，在空间化方法下拉列表中，选择双耳道，如图 2-9 所示，这会将蒸汽音频配置为对该声音使用基于 HRTF 的双耳渲染。

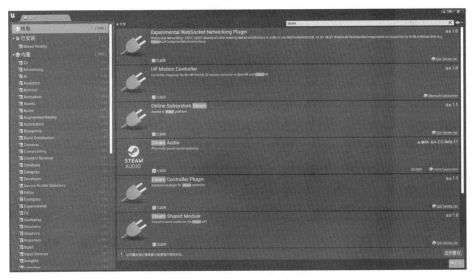

图 2-8　启用蒸汽音频插件界面

（2）使用蒸汽音频的混响插件。本试验启用以源为中心的混响，在"详细信息"选项卡中，选择要为其启用声音传播的 12 个音频组件；在"衰减插件"设置下，展开插件设置部分，向混响插件设置数组添加一个元素单击 Create New Asset 下的 Phonon Reverb Source Settings 选项新创建混响设置资产，并命名，这会使用默认设置配置蒸汽音频的以音源为中心的混响，要为此源微调以源为中心的混响设置。在"内容浏览器"选项卡中，双击所创建的混响设置资源，在打开的窗口中，按照图 2-10 所示进行配置。

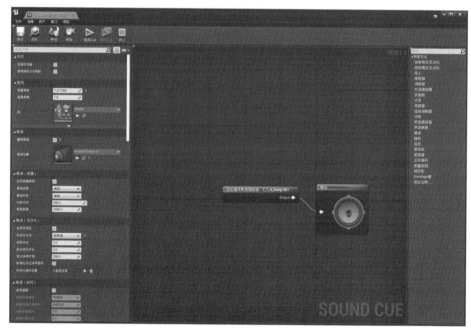

图 2 – 9　蒸汽音频插件配置衰减效果界面

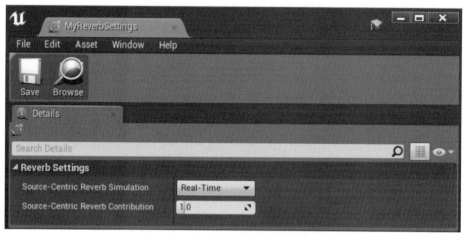

图 2 – 10　"内容浏览器"选项卡界面

中篇 时空交汇的音频呈现

第 **3** 章
沉浸式空间音频

3.1　沉浸式空间音频系统

3.1.1　通用系统框架

随着多媒体和通信网络技术的不断更新，以及新型音视频应用场景的不断涌现，音频处理技术向着更加智能化和沉浸化的趋势发展。人们对音频的听觉体验要求也逐步提高，各类场景下的声音体验更加丰富，并呈现声临其境的沉浸感。近些年，虚拟现实（VR）、元宇宙（Metaverse）等技术领域的兴起使得沉浸式音频技术得到进一步的应用，沉浸式音频（Immersive Audio）在很多场合下尤其是在研究领域中又被称为空间音频（Spatial Audio）、三维音频（3D Audio）、虚拟音频（VRl Audio）。沉浸式音频的不同说法考虑的角度有所不同，在概念上具有更广泛的意义。沉浸音频相对于传统音频能够提供更好的沉浸感和真实感，包含了空间音频从时间、空间上的广泛信息，并允许从用户视角参与到音频的时空交汇中。沉浸式音频技术所带来的360°全景声效将大大增强整个空间音频的用户体验。

　　沉浸音频系统包含三维音频采集制作、编解码传输、渲染重放、混响音效、主观评价等多方面内容，图 3 − 1 展示了沉浸式音频表示及传输的通用系统框架，可以应用于广播流媒体、实时通信以及虚拟现实和未来元宇宙场景。沉浸音频技术流程主要分为采集、编解码传输、渲染回放 3 部分。按照音频信号的处理方法分为基于声道、基于对象和基于场景 3 种方式，其中基于场景也称为基于声场（Sound Field）。采集端在广播电视领域还包括三维音频的制作环节，需要对回放的声音信号进行监听。

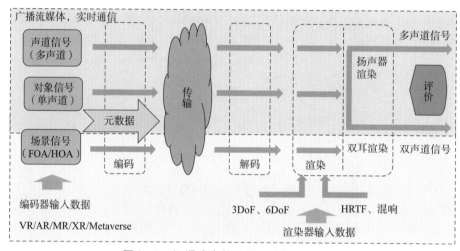

图 3 − 1　沉浸式音频通用系统框架示意图

　　传输信道的多样性也对三维音频编解码技术提出了新的挑战，尤其是带宽受限的无线通信或 IP 通信网络仍然需要对原始音源进行高效压缩。在回放端存在面向多个扬声器的多声道渲染重放，以及面向耳机的双耳渲染重放等多种技术方案。渲染技术与采集端信号的表达方式，以及播放终端的硬件形态有较大关系，在 VR 应用场合沉浸式音频系统还需要具备 3DoF（Degree of Freedom）和 6DoF 声音体验功能，以便用户可以随意在声音场景中转动头部或进行走动并实时感受到音源方位和音效的自然变化。最终整套系统的体验感还需要通过合理可靠的评价技术并建立评价规范来对不同技术或者产品进行对比分析，从用户体验的角度进行分析，从而促进技术的改进和系统的优化。

3.1.2　三维声音频系统

沉浸音频系统目前在实际应用中大多以全景音频、三维音频等软硬件系统形式呈现给用户，其应用场景包含全景音频播出、沉浸音频通信、虚拟现实音频交互等。

全景音频播出包括广播电视、全景电影、沉浸音乐、体育直播、演唱会、车载音频等，播出形式可以是直播，点播，录播等。这些应用场景传输信道条件较好，对全景音频质量需求较高，并且以多声道音箱回放场景为主。

沉浸音频通信，例如流媒体、5G/6G 移动通信、视频会议等场合，这些应用场景下传输信道条件动态变化，对实时性要求较高；对音质要求可分级，着重低延时、语音和音频混合、立体声耳机或布置少量音箱的播放场景。

虚拟现实音频交互或者未来元宇宙音频应用场景，例如 VR/AR/XR 交互式影视、聊天、游戏、机器人视角（Remote Present）、智慧教育等，这些场景以帕基特（Packet）分组交换网络为主，着重考虑 IP 传输损伤下的低速率语音交互和室内场景的应用。

下面简要介绍现有的典型的沉浸式音频商用系统。

1. 国外典型系统

（1）杜比全景声（Dolby Atmos）是由杜比实验室研发，于 2012 年 4 月发布的影院音频平台，重放时采用 5.1/7.1/11.1 或者引入声音对象的 5.1.4/7.1.4 的扬声器排布方式。5.1.4/7.1.4 格式在传统的 5.1/7.1 声道系统中增加了身高层和头顶层的声音信息，能够结合影片内容，配合顶棚加设音箱，实现声场包围，展现更多声音细节，提升观众的观影感受。目前杜比全景声在电影制作、影院、游戏等领域应用广泛，适用于影院的杜比全景声最多有 64 个声道内容呈现，多达 128 个音轨。

（2）DTS：X 是 DTS 公司于 2015 年发布的新一代基于声音对象的编解码技术，同时也是基于多维空间音频技术（Multi Dimensional Audio，MDA）的沉浸音频技术，兼容之前的 DTS – HD Master Audio。DTS：X 可以在电影院或家庭环境下呈现沉浸式音频的娱乐体验，不受固定位置扬声器布局的约束，能够根据回放环境的不同进行灵活调试，并可以通过多种方式进行个性化设置。DTS：X 属于一种完全免费的基于对象的音频技术，制作者基于模型驱动式架构技术（MDA）能够对电影当中的每一个声音对象的位置、移动与音量大小进行全方位的控制，而不再局限于传统的声道概念，可以将基于声音对象与基于声道的音频信号进行混合处理，从而得到最灵活的三维空间音频体验。

（3）Auro – 3D 是较早进入商业影院的沉浸式环绕声格式，但对于消费者来说鲜为人知。在蓝光碟和家庭影院系统中能找到这种三维音频格式，大多以现场音乐为主。为了提高全包围感环绕体验，Auro – 3D 的音箱布局有较大不同，其 13. 1 扬声器配置是建立在 11. 1 系统配置上，增加了一个独立的下层后环绕中置声道和上层后环绕中置声道。Auro – 3D 11. 1 的配置和 Auro – 3D 13. 1 的配置采用相同的扬声器数量，唯一的区别是 Auro – 3D 11. 1 增加了一个立体声轨的功放来支持两轨独立的声道，利用布线能够令处理器实现在这两种系统之间的转换。Auro – 3D 13. 1 系统分为 3 层：耳朵高度、高度和顶部（头顶），头顶唯一的音箱就是 Top 声道（通常称为"上帝之声"）。

（4）苹果 AirPods Pro 真无线立体声（True Wireless Stereo，TWS）耳机支持空间音频和动态头部跟踪。空间音频能够让用户在观看电影或音视频节目的同时，让各种声音在准确的位置响起，营造出剧场般的环绕声体验。动态头部追踪技术通过耳机内置的加速传感器和陀螺仪，对用户的头部运动进行实时追踪，动态调整声音方位，从而保持声场的稳定。苹果公司的空间音频技术在一定程度上引领了耳机音频技术的发展。

2. 国内的典型系统

（1）北京全景声信息科技有限公司推出了完全自主知识产权的 WANOS 三维全景声技术和系列产品，最多可支持多达 128 个声道和 128 个声音对象解码，其核心编码技术已被我国第二代数字音频编码标准《信息技术　高效多媒体编码　第 3 部分：音频》采纳，该标准于 2019 年 1 月 1 日正式实施。WANOS 三维全景声技术可以增强现有系统的音频质量，提供沉浸式的全景听觉体验，技术上能够与杜比全景声媲美。目前，该公司在内容端推出了WANOS 全景声制作系统，包括插件系统和应用系统两部分，并在国内建设了一百多座 WANOS 全景声影厅。

（2）HOLOSOUND（全息声）是雷欧尼斯（北京）信息技术有限公司旗下的一个沉浸式音频技术品牌，集成了对象、声道、声场技术，包含面向沉浸式的内容制作和音频播放两大部分。HOLOSOUND 在数字电影行业已投入使用，建设和升级改造了多个沉浸式影厅，并于 2022 年推出了 HOLOSOUND 车载沉浸式音频技术。相比现有的立体声/5.1 车载音频技术，该车载音频技术通过配备顶环扬声器，可支持 19/21/27 等多种扬声器方案；采用点声源技术单独驱动每个扬声器，精确还原声音细节；基于对象技术记录声音在时间维度与空间维度的连续轨迹，实现准确的声像定位，实现声音在三维空间中的连续运动。

（3）Audio Vivid（菁彩声）是中国自主研发的三维声技术，也是全球首个基于 AI 技术的音频编解码标准，由世界超高清视频产业联盟（简称 UWA 联盟）与数字音视频编解码技术标准工作组（简称 AVS）联合制定。该标准在支持主流三维声编码的同时兼容单声道、立体声、环绕声、三维声；支持双耳和扬声器渲染输出，可以让声音在三维空间的任何位置精准放置和移动，并可准确描述每一个声音的位置、大小、轨迹、时间、长度。2022 年，中央广播电视总台中秋晚会首次采用了三维菁彩声技术制作节目，给观众带来全新的沉浸式体验。

3.1.3　车载沉浸音频系统

智能汽车被称为下一个智能移动终端，用户对智能座舱的体验要求越来越高，车载沉浸音频系统将成为智能座舱营造高级声音体验感不可缺少的关键环节。传统车企往往通过高级扬声器系统（如当今主流的丹拿、哈曼卡顿等音响）体现车内音响的环绕氛围，而新一代汽车通过增加更多的扬声器和引入全景声系统达到车载三维音频效果，并通过汽车音响优化技术提高声场的还原度和真实感，使得智能汽车更像是一个移动的音乐厅。

下面简单介绍几个当前主流车型的车载沉浸音频系统配置，部分内容来自汽车产品的宣传介绍，而用户的真实体验还需要进一步建立车载沉浸音频系统的主观测试方案来评估。

1. 蔚来 ET7

国内智能电动旗舰轿车蔚来 ET7 采用瑞典数字先驱 Dirac 汽车音响优化解决方案 Dirac Opteo™ Professional 以期达到顶级的音质表现，同时标配杜比全景声（Dolby Atmos），通过 7.1.4 沉浸式音响系统，为用户带来逼真的车内聆听体验。Dirac Opteo™ Professional 解决方案采用其已获专利的多输入/多输出混合相位脉冲响应校准技术，使车内的所有扬声器智能协同工作，并共同校正彼此的脉冲响应，从而解决汽车座舱内扬声器之间的干扰、车内声染色、声音位置难以辨别等问题。蔚来 ET7 标配 23 个扬声器单元，拥有 20 路 1 000 W 功放输出。4 个主位声道采用由高音、中音、低音 3 个单元组合的三分频音箱，并拥有低音炮与 4 个顶置声道音箱。在拥有出色细节和清晰度全景声音乐的同时，结合领先的主动式音质优化算法 Dirac Pro，声音得以以最真实、清晰、沉浸式的效果通过蔚来 ET7 的 23 个高品质扬声器单元呈现。在内容方面，蔚来用户专属电台 NIO Radio 也支持杜比全景声，使得用户能够在蔚来 ET7 上享受沉浸式的听觉盛宴。

2. 比亚迪汉 EV

作为新能源豪华标杆车型，比亚迪汉 EV 也搭载了房间声场校正技术——Dirac Live。Dirac Live 将比亚迪汉的整个车厢和音响系统看作一个完整的音频系统进行建模，通过专利瞬态响应和频率响应校正，对车厢内声场进行优化，提升音响系统性能，如去掉杂音、减少失真、还原低音、展现细腻音色等。比亚迪汉 EV 的 2022 款车型采用 HiFi 级定制丹拿音响替代了原先的 Dirac Live 音响，扬声器数量达到 12 个，采用了丹拿音响独有的音效算法，以及为汽车行业首次定制的环绕声模式，并打造"5G 丹拿智能音乐座舱"。

3. 梅赛德斯—奔驰

梅赛德斯—奔驰旗下的一系列顶级豪华车型中通过增加扬声器数量并引入杜比全景声，为用户提供更沉浸的车内聆听体验。梅赛德斯—迈巴赫车型和梅赛德斯—奔驰 S 级轿车中装备的 Burmester 高端 4D 环绕立体声音响系统，配置多达 31 个扬声器，包括置于车顶上方发声的 6 个 3D 扬声器，前排座舱的 4 个近耳扬声器，1 个 18.5 L 重低音音箱，通过安装在座椅中的 31 个扬声器和 8 个振荡器提升音响发烧友的沉浸体验感。另外，苹果音乐（Apple Music）中支持杜比全景声的音频空间（Spatial Audio）将搭载于梅赛德斯部分车型中，从而为驾驶员提供最佳音乐体验。通过梅赛德斯—奔驰的 MBUX 信息娱乐系统，具有音频空间的苹果音乐将首次完全集成在梅赛德斯—迈巴赫 S 级、EQS 和 EQS SUV 以及 EQE、EQE SUV 和 S 级车型中，并凭借多维立体声和超高清晰度为驾驶员提供身临其境的聆听体验。

4. 小鹏 G9

智能电动汽车小鹏汽车推出的新一代旗舰全智能 SUV 小鹏 G9 打造了 Xopera 小鹏音乐厅，配备丹拿原厂 Confidence 高级音响系统。全车 28 个声学单元，总功率 2 250 W，直逼市售车载音响系统的功率天花板，并引入杜比全景声技术和 7.1.4 多声道音乐系统来提高声音的沉浸体验。Xopera 小鹏音乐厅打造了全场景 5D 沉浸座舱，在音乐和影视播放过程中，将车内律动座椅、智能氛围灯等引入到 G9 座舱中，使音乐以更可视的方式进行呈现。

5. 哪吒 S

哪吒汽车联手声学巨头瑞声科技，为哪吒 S 定制拥有 21 扬声器、7.1.4 声道的 720°哪吒环绕音响，功放最大输出功率为 1 216 W。该套系统通过高位安装扬声器构建高空声道，让声源高度上升，营造出声音"从天而降"的效果；结合"三维声场增强"算法，全面扩展声场宽度、深度和高度，让声音在三维空间内流动，从而将平面的环绕声效转换成 720°立体空间音效。车内 21 个扬声器的布局分别以 5 组扬声器组成全车环绕，3 个重低音组成低音矩阵，4 个顶部扬声器组成天空环绕，共同实现立体沉浸的听音体验。其中，主副驾头枕均内置双全频音响，采用自带腔体的模组设计，为前排打造出独立私密的音乐享受。配备量身定制的"声场重建"AI 算法，包括 FIR 滤波器、IRC 补偿、PCor 校正、VSI 处理、A2Q 技术、SFR 声场重建等一系列技术，对普通音源进行 7.1.4 声道重建，使普通在线音源也能达成 720°环绕声场的体验。

3.2　空间音频的 3 种表示方式

空间音频的表示方式分为基于声道的方式、基于对象的方式、基于场景的方式。

3.2.1　基于声道的方式

基于声道（channel）是最常见的三维音频表示方式，其通过一组按特定规则排布的声道记录三维音频信号的内容与空间关系，并按照既定扬声器的布局再进行回放。其中声道采集按照声道的数目可分为单声道拾音、立体声拾音和多声道拾音。

1. 单声道拾音

单声道拾音按照音源与拾音话筒之间的距离可分为近距离拾音和远距离拾音两种。采用近距离拾音不容易拾取到其他环境噪声，且拾取到的声音更加紧实，稍微调节话筒位置就能使拾取的声音发生明显变化。远距离拾音时话筒与声源间的距离可以用来塑造重放声场的深度，因为这样能够接收更多的环境声，获取更强的空间感，但会使音质受到更大影响。

2. 立体声拾音

立体声拾音可以进行声源定位，常见的立体声拾音方式有 AB 拾音、XY 拾音、M/S 拾音、ORTF 拾音、DeccaTree 拾音等方式。多声道拾音中最常见的为 5.1 环绕立体声拾音。5.1 环绕立体声拾音前方 L（左）、R（右）、C（中）主话筒有使用强度差制式的，有使用时间差制式的，也有使用混合制式的。后方环绕声话筒有使用专门拾取环境声的制式与前方声道组合拾音的，也有为 5.1 系统设计的一体性 5.1 拾音制式。

3. 多声道拾音

多声道拾音模式通常遵循最新的国际标准 ITU – R BS. 2051 – 2 扬声器位置规范，其中 5.1 声道标准是 1992 年 ITU – R 提出的多声道系统的结构及向下兼容标准，即 ITU – R R BS. 775。5.1 声道在左右声道的基础上增加了左环绕声道（Left Surround，LS）、右环绕声道（Right Surround，RS）、中置声道（Center）和低音增强（Low Frequency Enhancement，LFE）。前 5 个通道的信号频带为 30 Hz ~ 20 kHz，LFE 通道的频带为全频带宽的 10% 左右，也称为"0.1"声道。图 3 – 2 展示了 ITU – R 建议使用 5.1 扬声器阵列进行回放的排布方式，其包括 5 个位置扬声器（左环绕、左前、中心、右前、右环

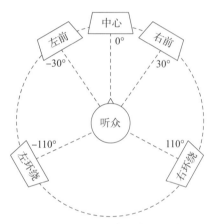

图 3 – 2　5.1 扬声器阵列排布

绕）以及一个低音扬声器，从而能够在以听众为中心的平面内构建环绕声场。

多声道音频是单声道、立体声的扩展，具有更好的重放空间效果。自 20 世纪 70 年代起，5.1 声道开始用于电影声效的制作与回放，杜比数字（Dolby Digital）、索尼影音（SDDS）、数字影院（DTS）均开发了基于该标准的商用 5.1 声道系统。但严格意义上，因为 5.1 声道以及随后的 7.1 声道系统只在平面上表示音频，所以只能称作环绕声系统。要真实地表示三维音频，还需要加入垂直空间的声道排布。7.1.4 声道在 7.1 声道的基础上，增加了 4 个位于上方的声道，从而实现了听众头部以上半球形空间的三维声场还原。日本广播协会（NHK）提出了 22.2 声道排布方案，用分布在高、中、低 3 个平面上的 24 个声道，有效还原了完整的三维声场。基于声道的三维音频表示方式因为技术成熟、效果良好，取得了广泛的应用。

基于声道的三维音频可以使用麦克风采集，也可以人工制作。若单纯通过麦克风采集的方式，则需要使用与通道数相对应的麦克风阵列。基于声道的三维音频可以选择多声道或双耳输出。若选择和采集制作时声道排布与数量一致的多声道系统输出，则直接回放即可，如 7.1.4 声道采集的音频可直接通过7.1.4 扬声器阵列输出；若使用与原有声道配置不同的系统输出，则还需要经过算法映射。对于普通用户而言，双耳输出是一个更常见的选项。

3.2.2　基于对象的方式

基于声道的方式适用于还原完整的三维声场，但在制作特殊音效或进行用户交互的场景下，则缺乏灵活性，基于对象（object）的表示方式解决了这一问题。图 3 – 3 展示了使用基于对象的方式制作三维音频系统的完整链路，它将三维声场分解为一定数量的声音对象，每一个声音对象包括声音内容与包含位置信息的元数据（metadata），从而使声音可以在三维空间中自由排布，实现声音对象轨迹动态变化的效果。在渲染回放时，基于对象可以支持多种输出方式，包括双耳输出、双声道/多声道扬声器输出。在进行双耳输出时，通常采

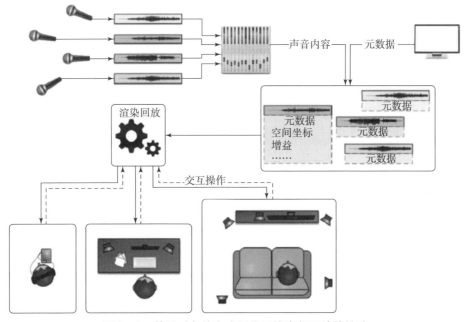

图 3 – 3　基于对象的方式制作三维音频系统的链路

用将声音内容与跟元数据位置对应的头相关传递函数进行卷积的方式。在进行扬声器输出时，基于矢量的振幅平移（Vector Based Amplitude Panning，VBAP）等技术可以将声音分布到多个扬声器中，从而重现声音对象的方位。

基于对象的三维音频表示方式已广泛用于节目音效、VR 交互、游戏声效等领域。杜比全景声系统中提出了"声音对象"的概念，声音对象不同于传统的声道，在渲染重放时通过解码获得声音对象的相关元数据信息，包括对象的定位和运动信息等，然后调用相应的扬声器完成重放。通过声音对象可以进行更加精准的声像定位，营造更加真实的声场。

基于对象的三维音频需要通过人工制作的方式重构。该方式将三维声场中的每一个音源作为声音对象，每个声音对象包括两部分：声音内容与元数据。其中，声音内容通常是代表该声音的单通道信号，元数据则代表该声音的位置信息。人工定义位置与增益后，声音内容和元数据便构成一个声音对象，进入传输环节。发送端编码时，通常将元数据与声音内容分离，采用不同的算法压缩，接收端解码时也采取相应的方式解压缩。基于对象的三维音频同样可以通过多声道或双耳输出。多声道输出时，一般使用 VBAP 算法计算每个扬声器的增益系数，从而合成出虚拟声源的单位向量。双耳输出时，则通常直接根据元数据提取对应方位的 HRTF。

3.2.3 基于场景的方式

为了更好地还原声音场景，基于场景的表示方式是通过球谐函数将三维声场从空域变换到球谐域上，并用一组系数信号来表示这种扩展。其核心技术是高保真度立体声复制（Ambisonics）系统，由格松（Gerzon）于 1973 年首次提出，并由丹尼尔（Daniel）在 2001 年进行了扩展完善。

高保真度立体声复制系统采用球谐函数来记录声源信息并重放。在球坐标系下的均匀介质中的三维声场频域声压满足亥姆霍兹方程：

$$\Delta p(k,r,\theta,\varphi) = k^2 p(k,r,\theta,\varphi) \tag{3-1}$$

式中：$k = \dfrac{2\pi f}{c}$ 表示波数；f 为频率，单位为 Hz；c 为声音在介质中的传播速度。

对 P 进行分离变量

$$p(k,r,\theta,\varphi) = A(k)R(r)Y(\theta,\varphi) \tag{3-2}$$

则有 R 满足方程

$$\frac{\mathrm{d}}{\mathrm{d}r}\left(r^2\frac{\mathrm{d}R}{\mathrm{d}r}\right) + \left[k^2 r^2 - l(l+1)\right] R = 0 \tag{3-3}$$

Y 满足球谐函数方程

$$\frac{1}{\sin\theta}\frac{\partial}{\partial\theta}\left(\sin\theta\frac{\partial Y}{\partial\theta}\right) + \frac{1}{\sin^2\theta}\frac{\partial^2 Y}{\partial\varphi^2} + l(l+1)Y = 0 \tag{3-3}$$

对上述方程分别求解可得

$$p(k,r,\theta,\varphi) = \sum_{n=0}^{N}\sum_{m=-n}^{n} A_n^m(k) j_n(kr) Y_n^m(\theta,\varphi) \tag{3-4}$$

式中：$j_n(\cdot)$ 为第一类球贝塞尔函数；$Y_n^m(\theta,\varphi)$ 为球谐函数；N 为球谐函数展开的阶数。球谐函数为

$$Y_n^m(\theta,\varphi) = \sqrt{\frac{(2n+1)}{4\pi}\frac{n-|m|!}{n+|m|!}} P_n^{|m|}(\cos\theta) e^{im\varphi} \tag{3-5}$$

式中，$P_n^{|m|}$ 为 n 阶连带勒让德多项式。由式（3-4）可知，对于 N 阶截断的高保真度立体声复制系统，需要采集和重现 $(N+1)^2$ 个相互独立的声源信号。重放采用在一定半径上均匀布置的扬声器组，通过计算获得每个扬声器的增益系数，实现半径 r 内声场的重建。随着重建球谐函数的阶数 N 的增加，准确声场重建半径 r 会逐渐增大，并且重建声场的频率范围也会增加。在理想的编解码情况下，N 阶高保真度立体声复制系统可以在上限频率 f_H 范围内较准确地重放半径为 r_H 的环形或球形区域内的声场

$$f < f_H = \frac{Nc}{2\pi r_H} \tag{3-6}$$

高保真度立体声复制系统中球谐函数展开的阶数越高，声场还原的效果越好。一阶高保真度立体声复制（First Order Ambisonics，FOA）是基于场景中最基础的表示方式，但同时效果也是最差的。FOA 采用一阶球谐函数截断，使用 4 个相互独立的麦克风来采集声场信息，如 B - format 格式采用 W、X、Y、Z 四路通道，分别为全向麦克风和 3 个相互垂直的 8 字形指向麦克风，分别采集空间直角坐标系下 X、Y、Z 3 个方向上的信息。声场恢复时扬声器的输出信号通过 4 个 B - format 格式通道的线性组合获得。还有一种 FOA 的声场采集方法使用正四面体分布的 4 个麦克风采集声场信息，所采集的 4 个声道称为 A - format 格式。由于采用一阶球谐函数展，FOA 的还原声场的半径以及频率范围都受到比较大的限制，对低频信号的重建效果较好，但对高频信号重建效果不佳。华南理工大学谢菠荪的研究表明，FOA 只能对 258 Hz 以下的声音信号做

到准确还原。因此，如果需要重现较为准确的声场时，高阶高保真度立体声复制（Higher Order Ambisonics，HOA）更为常用。从 20 世纪 90 年代开始，国际上将研究逐渐延伸至高阶高保真度立体声复制技术。随着阶数的增高，重建声场的半径和最大频率明显增加，但是 HOA 精确恢复声场时需要大量的扬声器。在半径 1m 区域内恢复最高频率为 20kHz 的声场，需要对球谐函数进行不少于 36 阶的截断，则需要 $L = (n+1)^2 = 1369$ 个扬声器才能够实现。

因为基于场景的三维音频表示方式技术复杂度较高，在早年间没有如 5.1 声道一样成功商用，所以目前其依然主要用于试验场景。但因为基于场景的表示方式对三维声场的真实还原能力，随着计算与通信基础设施的进步以及人们对沉浸感体验要求的提高，基于场景的表示方式依然有较好的前景。

3.3 空间音频编解码技术

随着基于声道、基于对象、基于场景的三维音频应用场景日渐广泛，国内外标准组织和学术研究机构针对这 3 种表示方式开发了不同的空间音频编解码标准。编码冗余主要指音频信号的幅值不均匀性，心理声学冗余指人耳对声音信号的幅度、频率分辨能力的有限性。音频编码的研究目标就是在保证音频质量的前提下去除冗余信息，尽可能提高数据的压缩效率。广义的空间音频编解码技术包括单声道、双声道立体声、多声道以及三维音频编解码技术。

3.3.1 立体声编解码技术

立体声是具有空间立体感的声音，通常所说的立体声一般是指具有两个声道的音频，常见的立体声编码技术有 L/R（Left/Right）编码、M/S（Mid/Side）编码、强度立体声 IS（Intensity Stereo）编码、联合立体声 JS（Joint Stereo）编码、参数立体声 PS（Parametric Stereo）编码等。

1. L/R 编码

L/R 编码是对左右声道分别进行编码，压缩效率一般不高，取决于核心编码器，这种编码方式能够保持较高的音质。

2. M/S 编码

M/S 编码是对左右声道信号进行和差运算，然后对得到的 M 信号、S 信号进行编码。

3. 强度立体声 IS 编码

人耳对于音频中低频信号的相位较为敏感,对强度不敏感;而对于高频信号的强度较为敏感,对其相位不敏感。强度立体声 IS 编码利用了人耳的这一特性,在高频段舍弃掉相位信息,保留音频信号的强度信息,从而提高压缩率。

4. 联合立体声 JS 编码

联合立体声 JS 编码被广泛采用于 MP3、AAC 等编解码器中,即联合了L/R、M/S、强度立体声 IS 编码的技术,综合 3 种编码技术的特点,进一步提高了编码压缩效率。

5. 参数立体声 PS 编码

参数立体声 PS 编码先将输入声道信号进行下混得到下混后的信号,并进行空间参数信息提取得到空间参数边信息,之后对下混信号和空间参数边信息编码。空间参数信息的比特率很低,所以参数立体编码可以获得很高的压缩效率。参数立体声编码在 MPEG Surround、AAC Plus v2 等编码器中得到了广泛的应用。

3.3.2　多声道音频编解码技术

常见的多声道制式有 5.1、7.1、9.1、22.2 声道音频,声道数的增加对音频文件的存储和传输提出了更高的要求。典型的多声道音频编码系统有 Dolby AC – 3、MPEG – 2 AAC、MPEG Surround 以及 AVS1 – P3 等。

1. Dolby AC – 3 编码系统

Dolby AC – 3 (Dolby Surround Audio Coding – 3) 编码系统是杜比实验室开发的第三代感知编码系统,是杜比主流标准编码技术之一。Dolby AC – 3 编码系统将每一个声道的音频信号根据人耳的听觉特性,不均匀地将其频率范围划分为相应的频段,利用心理声学的“听觉掩蔽效应”,摒弃掉人耳听不到或者可以忽略的部分,获得了较高的编码效率。Dolby AC – 3 编码系统将音频信号划分为不同的频带,对不同频带信号采用不同的采样率和量化位数,同时对噪声信号进行掩蔽或衰减,这使得 Dolby AC – 3 编码系统在音质损伤很小的情况下获得了较低的传输码率。Dolby AC – 3 编码系统对多声道中每通道编码的效率比同情况下单声道的编码效率高。对于 5.1 声道,Dolby AC – 3 的速率为384～448 kbit/s,在 384 kbit/s 时,杜比环绕声格式音质媲美于 PCM 数字音频编码系统的音质。Dolby AC‐3 在保证音质的前提下，其压缩率可达到 10∶1。图 3‐4 为 Dolby AC‐3 编码系统流程。

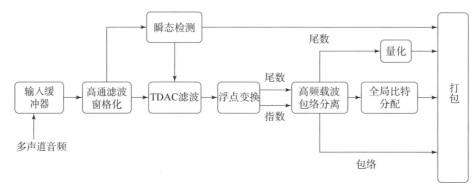

图 3‐4 Dolby AC‐3 编码系统流程

2. MPEG‐2 AAC 编码系统

MPEG‐2 AAC（Advanced Audio Coding）（ISO/IEC13818‐7）编码系统是 MPEG 在已有的音频编码标准的基础上加入了新的技术，在保证音质的情况下，增加编码的灵活性，进一步提升压缩效率。MPEG‐AAC 编码系统支持比特率范围为 8～576 kbit/s，最多支持 48 个主声道和 16 个低频增强通道。MPEG‐2 AAC 的编码原理是由时域到频域变换的编码算法组成的。MPEG‐AAC 综合了联合立体声编码技术、噪声整形技术、预测技术、高分辨率的滤波器组、非均匀量化技术以及霍夫曼编码技术，根据不同的应用场合选取适当的算法。测试数据表明，比特率为 320 kbit/s 的 MPEG‐2 AAC 编码系统音质可以媲美于比特率为 640 kbit/s 的 MPEG‐2 BC 编码系统的音质。图 3‐5 为 MPEG‐2 AAC 编码系统流程。

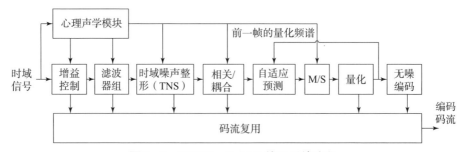

图 3‐5 MPEG‐2 AAC 编码系统流程

3.3.3　三维音频编解码技术

为了兼容基于声道、基于对象、基于场景的多种表示方式，同时面向未来三维音频场景普及化的应用，近些年国内外标准组织制定了一系列三维音频编解标准。

1. MPEG - H 三维音频

2014 年，国际标准化组织与国际电工委员会（ISO/IEC）提出了 MPEG - H 三维音频标准，简称 MPEG - H 三维音频，首次在音频编解码中兼容全部 3 种表示方法，支持 64 组扬声器通道与 128 组编解码器核心通道。随着技术进步，该标准于 2019 年更新，并预计于 2024 年再次更新。其压缩编码方法由 MPEG 统一语音音频编码（Unified Speech Audio Coder，USAC）演进而来，解码以 USAC - 三维音频核心解码器为主。如图 3 - 6 所示，压缩信号通过解码器解压为基于声道、基于对象、基于 HOA 3 种类型的信号，再分别进行渲染，最后将各路信号混合输出。目前，MPEG - H 三维音频已被 ATSC 3.0、DVB、TTA 等全球广播电视标准采纳。同时，ISO 正在研究制定沉浸式媒体的编码表示标准（MPEG - I），其第四部分——沉浸式音频是基于 MPEG - H 三维音频制定的下一代音频编码标准，最终目标是实现全六自由度的音频编码。

MPEG - H 三维音频将音频以基于声道、基于对象、基于 HOA 的方式进行编码，可支持 64 组扬声器通道和 128 组编解码器核心通道。音频对象可以单独使用或与多通道或 HOA 分量联合使用。在 MPEG - H 三维音频的解码过程中，可以对音频对象的增益或位置进行调整，从而实现交互及个性化。MPEG - H 三维音频解码器渲染比特流支持多组标准扬声器以及混响扬声器的重放方式，同时支持双耳重放。

MPEG - H 三维音频针对不同信号的压缩编码方法由 MPEG USAC 演进而来。图 3 - 6 展示了 MPEG - H 三维音频解码器框架，其主要部分为 USAC - 三维核心解码器，以及多组针对不同信号的渲染器和混合器。

该解码器解码过程分为以下 3 步。

第一步，文件通过 USAC - 三维解码器时，会将压缩的数据进行解压，得到的信号会根据相应的类型传递到与其相关联的渲染器。

第二步，传递到相应的渲染器的信号会由该渲染器进行渲染，信号类型为基于声道、基于对象、基于 HOA；同时经过渲染的信号会映射到用于特定再

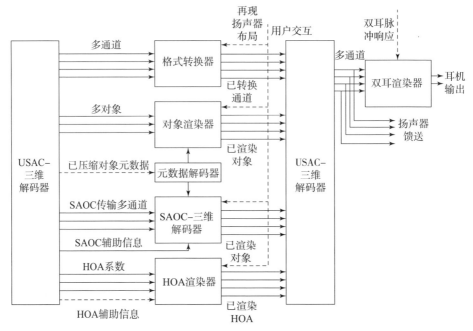

图 3 – 6 MPEG – H 三维音频解码框架

现还原声场的扬声器中进行播放。

第三步，若有多路信号存在，这些信号将在混合器中进行混合，混合完成后继续传递到相应的扬声器中。另外，当采用双耳重放时，会将混合完成的信号在双耳渲染器进行渲染；渲染通过双耳脉冲响应数据库进行，最终该信号被转换为用于耳机再现的三维音频。格式转换器（Format Converter，FC）用于完成声道信号从采集扬声器模式到重放扬声器模式的转换；对象渲染器（Object Renderer，OR）用于对静态或动态对象进行布局并渲染；SAOC – 三维解码器用于参数解码和目标布局的渲染；HOA 渲染器用于从基于场景的 HOA 格式转换为实际重放时的格式；双耳渲染器（Binaural Renderer，BR）用于将虚拟扬声器转换为双耳重放。如果扬声器相对于收听中心位置为非均匀分布，则会进行反馈对距离进行补偿，从而校正扬声器信号的增益和延时。另外，该解码器还采用了静态元数据用来标记信号是否被用于用户交互界面，从而实现由用户界面控制播放和呈现不同种类的信号。

2. AVS2 P3 三维音频编解码系统

中国的标准化组织也在致力于开发自主知识产权的三维音频编解码规范。

2018 年，中国数字音视频编解码技术标准工作组（AVS）提出了 AVS2 P3 国家标准（国标号：GB/T 33475.3—2018），支持基于声道与基于对象的三维音频编解码，可在 128 个声音对象与 128 个声道信号之间任意配置。AVS2 P3 描述了高质量音频信号的通用音频编码、无损音频编码和三维音频对象的编解码方法。AVS2 P3 高效音频编解码适用于数字存储媒体、互联网宽带音视频业务、数字音视频广播、无线宽带多媒体通信、数字电影、虚拟现实和增强现实以及视频监控等领域。

通用音频编码支持 128 声道，支持采样率 8 ~ 192 kHz，并支持 8 bit/s、16 bit/s 和 24 bit/s 采样精度。支持编码输出比特流为每声道 16 ~ 192 kbit/s，格式包括单声道立体声、双声道立体声、5.1 环绕立体声以及 7.1 和 10.1 等多声道环绕立体声。

无损音频编码支持 128 声道、任意采样频率，并支持 8 bit/s、16 bit/s 和 24 bit/s 采样精度。

三维音频对象编码支持最多 128 个声音对象。目前，AVS2 P3 标准已在中国广播电视系统和中国影视制作中心落地应用，并逐步推向巴西等海外市场。

AVS2 P3 音频编解码系统由基础声道编码和三维音频对象编码两大模块组成。基础声道编码包括单声道、立体声、5.1 环绕声及多声道和三维声床等声道编码技术。其中整合了通用音频编码（General Audio coding，GA）和无损音频编码（Lossless Audio – coding，LA）两种编码选项。通用音频编码又分为高比特率和低比特率两种编码模式。三维音频对象编码包括对象音频数据和对象元数据编码，其中对象音频数据与三维声床共用基础声道编码，而音频对象元数据编码实现对三维音频对象声源的类型、空间位置、运动轨迹等对象描述信息的编码。AVS2 P3 音频编码框架如图 3 – 7 所示。

该系统在对声音对象进行编码时，对其位置轨迹编码以帧为单位划分，每一帧又分为若干块；采用 1 024 个样本点作为一帧，每个块包含 256 个样本。声音对象的位置坐标用 4 个量（pID，Ax，Ay，Az）来描述。Ax，Ay，Az 的取值范围为 [0，1]，占用 10 bit。pID 为象限标识符，取值为 0 ~ 7 对应正方体的 8 个象限。三维音频对象元数据解码分为基本音频流解码和音频对象解码，而音频对象的解码包括音频对象描述信息的解码和音频对象 PCM 数据压缩流的解码。基本音频流为通用音频编码码流或无损音频编码码流，采用对应的通用或者无损解码器。对象描述信息解码得到呈现音频对象所需的对象位置、对象类型等信息。音频对象 PCM 数据压缩流的解码得到音频对象码流的编码

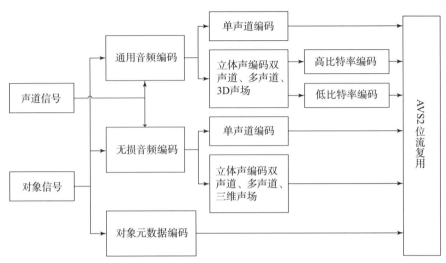

图 3 - 7　AVS2 P3 音频编解码框架

方式和码流声道数等信息，进一步解码得到 PCM 数据。

3. AVS3 沉浸式音频标准

2021 年，AVS 标准工作组启动了下一代沉浸式智能媒体应用中关于沉浸式音频技术的研制工作（称为 AVS3）。AVS3 沉浸式音频标准面向未来沉浸式广播、通信以及网络交互等场景，对提升 5G/6G、AR/VR/MR、OTT 等重要应用中的音频体验有重要价值。AVS3 沉浸式音频标准支持声道信号编码、对象信号编码、HOA 信号编码、元数据编码、扬声器渲染和双耳渲染。针对不同特征的音频信号或不同的应用场景，用户可以根据输入类型和码率范围，选择使用通用全码率音频编码、通用高码率音频编码、无损音频编码工具和元数据编码工具。

AVS3 沉浸式音频标准的通用全码率音频编码器框架如图 3 - 8 所示，核心编码器由暂态检测、窗型判断、时频变换、频域噪声整形、时域噪声整形、频带扩展编码、立体声下混、多声道下混、HOA 下混以及神经网络变换、量化和区间编码等构成，将声道信号和对象信号编码为位流。HOA 空间编码器和核心编码器将 HOA 信号编码为位流。

AVS3 沉浸式音频标准首次将神经网络应用于三维音频信号的特征变换和熵编码。该音频编码器利用一个深度神经网络将离散余弦变换（MDCT）信号转换为隐特征信号，再对隐特征信号做量化和熵编码。生成隐特征信号的目的

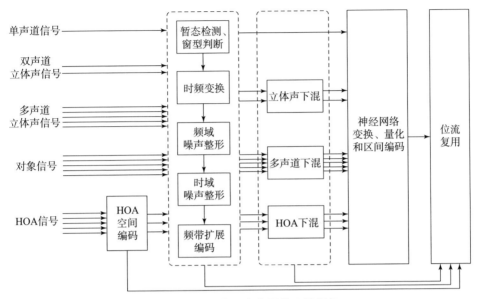

图 3 - 8　通用全码率音频编码器框架

是为了获得更利于高效熵编码的特征。为了利于该标准的产业应用，AVS3 沉浸式音频标准设置了不同的神经网络配置，包括基本配置和低复杂度配置，为用户在编码质量和复杂度之间提供更多的选择。AVS3 沉浸式音频标准相比 AVS2 P3 音频标准引入了基于虚拟扬声器映射的 HOA 空间编码技术。编码器将 HOA 信号映射为少数虚拟扬声器信号，再对虚拟扬声器信号、残差信号和虚拟扬声器位置边信息进行编码。由于少数虚拟扬声器的数量远小于待编码 HOA 信号的通道数，残差信号可以用相对较少的比特编码，虚拟扬声器位置边信息的数据量又很小，编码效率从而大幅提升，远超传统多通道编码方案。AVS3 沉浸式音频标准的元数据系统中引用了国际标准 ITU - R BS. 2076 - 2 （ADM）。ADM 标准用于描述沉浸式音频信号的内容和格式，以传递和声床、矩阵、对象、HOA、双耳渲染信号等音频信号相关的内容和控制信息，可满足带有元数据的沉浸式音频内容在全球的互联互通。AVS3 音频标准的元数据和渲染技术内容在 AVS VR 音频国标（国标计划号：20214282 - T - 469）中进一步规范。新一代的 VR 渲染器，可处理 3 种不同的音频类型：基于声道的音频、基于对象的音频和基于 HOA 的音频，也保留了处理更多音频类型的扩展。这些类型的音频处理可以结合起来，以改善体验，创造更多的创意，并允许互动和个性化。

3.3.4 6DoF 音频技术

2023 年苹果发布的 Vision Pro 和 Meta 发布的 Quest3 让虚拟和增强现实更进一步走向普通消费者。在 VR 场景中聆听一场音乐会，用户不仅可以固定在一个座位上仅转动头部，还可以在音乐厅中自由移动，感受自然、逼真的音频体验。在电子竞技或体育赛事的 VR 直播场景中，用户可以在观看比赛的同时在体育场内走动，获得视听觉一致的真实感体验。借助 3DoF 音频技术，用户可以自由转动头部（Yaw、Pitch、Roll）并通过相应处理得到空间感。凭借 6DoF 音频技术，用户不仅可以自由转动，还可以在虚拟空间内移动（沿 x、y、z 轴），探索每个视角，从而获得最大的临场感和沉浸感。所以，可以将 6DoF 音频看作是 3DoF 音频的扩展。

MPEG-I 第 3 部分沉浸式音频编码的目标是实现 6 自由度（6DoF）音频编解码技术，是在 MPEG-H 三维音频标准基础上为虚拟和增强现实场景开发的下一代沉浸式音频标准，并于 2023 年年初形成国际标准草案。MPEG-I 编码器支持通道、对象、HOA 信号以及描述相应 VR、AR 场景声学属性的元数据信息。所有描述声场景文件格式被定义为编码器输入格式 EIF（Encoder Input Format），包括声源及其位置、场景几何信息、声学材质信息等。通道、对象、HOA 采用了 MPEG-H 编码器。MPEG-I 沉浸式音频技术根据传输和解码的场景向用户的耳机渲染双耳音频信号，并实现丰富的音频效果，如方向性、定位、范围、闭塞、声源的衍射和多普勒频移，以及声学环境的复杂建模，支持广泛的用户与 VR/AR 环境的互动。

MPEG-I 音频编解码技术框架如图 3-9 所示。

AVS 标准工作组于 2023 年年初完成国家标准《信息技术　虚拟现实内容表达第 3 部分：音频》的征求意见稿。该标准规定了虚拟现实（VR）设备及相关系统中的沉浸式音频内容的表达方式，提出了包括元数据（Metadata）和渲染器（Render）的系统构架及接口规范。该标准适用于多种类型的音频采集、传输、回放系统，其中采集方式包括基于声道、基于对象、基于场景或它们的混合形式，传输方式包括面向广播信道、影视制作、互联网等多个场景下的传输协议和多种音频编解码方式。回放方式主要包括双耳耳机和扬声器两大类，双耳渲染分为面向 3DoF 和 6DoF 两种形式。当涉及音频编解码格式选择时，既可按照 ITU-R BS.2388-4 选择 PCM 或其他国际通用音频编码格式，也可选用 GB/T 33475.3 或 AVS3 – P3 音频编码格式。

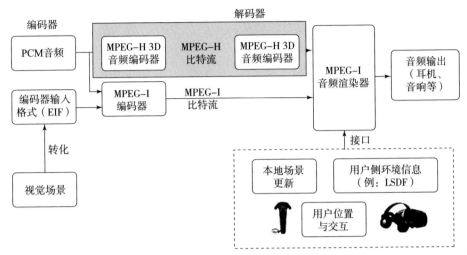

图 3 – 9　MPEG – I 音频编解码技术框架

图 3 – 10 为虚拟现实内容表达框架。

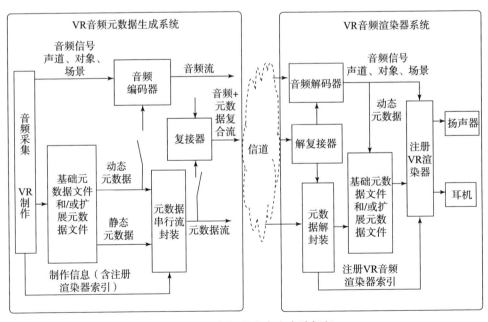

图 3 – 10　虚拟现实内容表达框架

第 4 章
空间音频渲染技术

4.1 基于扬声器的空间音频渲染

三维音频系统在广播电视、电影、家庭影院等场合的一个发展趋势是从平面环绕的多通道系统向具有高度信息的三维全景系统迈进。无论何种方式都需要以多个扬声器作为回放系统，典型的基于扬声器的渲染技术有幅度平移（Amplitude Panning，AP）、波场合成（Wave Field Synthesis，WFS）、声场重构（Ambisonics）。其中波场合成技术虽然效果很好但更为复杂，在实际应用中较少遇到，在当前标准化研究中更常见的扬声器渲染技术是幅度平移技术和声场重构技术。

4.1.1 幅度平移技术

幅度平移技术是通过调整重放系统中各个扬声器的幅度来改变声像方位、距离的技术，如可以通过改变左右声道的增益来调整立体声中声像的位置。1961 年，哥伦比亚广播公司提出了正弦法则，即设左、右声道幅度增益分别

为 g_1、g_2，两扬声器与相对于听音者对称放置，与正前方夹角均为 φ_0，声源位置与正前方的夹角为 φ，则有

$$\frac{\sin\varphi}{\sin\varphi_0} = \frac{g_1 - g_2}{g_1 + g_2} \tag{4-1}$$

如图 4-1 所示，正弦法则的缺陷是假设听音者头部位置固定，当头部位置发生偏转时不再适用。

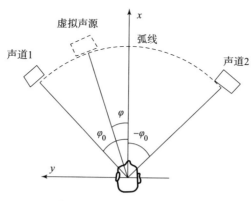

图 4-1　正弦法则示意图

1973 年，为了克服正弦法则中头部不能转动的问题，罗马尼亚录音公司的贝费尔德（Bernfeld）提出了正切法则。正弦法则指出，声像与听音者头部正前方的夹角的正切值与扬声器方位角正切值的比值，应等于两个扬声器增益系数之差与增益系数之和的比值，即

$$\frac{\tan\varphi}{\tan\varphi_0} = \frac{g_1 - g_2}{g_1 + g_2} \tag{4-2}$$

正弦法则与正切法则适用于扬声器与人头部位于同一水平面的情况，并不适用于三维空间中的声源方位还原。1997 年，赫尔辛基理工大学的维勒·普尔基（Ville Pulkki）提出了基于矢量的幅度平移技术，幅度平移技术利用 3 个或 3 个以上的扬声器合成出虚拟声像，重建声源方位。假设重建声源与 3 个扬声器位于同一球面上，以用户头部为原点的 3 个扬声器构成 3 个基向量，3 个向量线性组合可得到虚拟声源的方向向量，如图 4-2 所示。

设 3 个扬声器的基向量分别为 l_1，l_2，l_3，每个扬声器的增益为 α_1，α_2，α_3，重构声源的向量为 l_0，则 l_0 可表示为 $l_0 = \alpha_1 l_1 + \alpha_2 l_2 + \alpha_3 l_3$，3 个扬声器的增益为

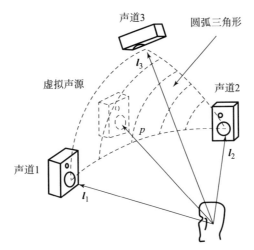

图 4 - 2　VBAP 示意图

$$
\begin{bmatrix} \alpha_1 & \alpha_2 & \alpha_3 \end{bmatrix} = \begin{bmatrix} l_1 & l_2 & l_3 \end{bmatrix} \cdot \begin{bmatrix} l_{11} & l_{12} & l_{13} \\ l_{21} & l_{22} & l_{21} \\ l_{31} & l_{32} & l_{33} \end{bmatrix}^{-1} \tag{4-3}
$$

　　幅度平移模型简单、计算高效，尤其适用于扬声器在同一球面上的情况。幅度平移技术对 500 ~ 600 Hz 以下的声音的方位重构较为准确。2009 年，洛修斯（Lossius）等提出了基于距离的幅度平移技术（Distance Based Amplitude Panning，DBAP），DBAP 假设听音者处于扬声器阵列中的任意位置，通过听音者与各个扬声器间的距离控制扬声器增益。此后，还有一些学者在幅度平移原理的基础上进行扬声器回放算法的改进，来增强扬声器声场的呈现效果。

4.1.2　波场合成技术

　　波场合成（WFS）技术是一种基于物理波场理论的声场重建技术。波场合成技术的理论基础为惠更斯原理，即处于当前波阵面上的点可以看作新的波源，各个波源发出的波组成的包络面就是新的波面，声波可以看作由波源或者二次波源传播产生。1883 年，基尔霍夫（Kirchhoff）给出了基尔霍夫—亥姆霍兹（Kirchhoff – Helmholtz）积分式，考虑到了三维空间中的一般情况，设以 S 为边界的区域内部 r 处的声压为 $p(r, \omega)$，则有

$$p(r,\omega) = \oint_s \left[G(r - r_0, \omega) \frac{\partial p(r_0, \omega)}{\partial n_0} - p(r_0, \omega) \frac{\partial G(r - r_0, \omega)}{\partial n_0} \right] \mathrm{d}s$$

$$(4-4)$$

式中：r_0 为封闭空间区域表面上的点；n_0 为 r_0 处指向区域内部的法向量；$\partial/\partial n_0$ 为法向量 n_0 方向上的梯度。基尔霍夫－亥姆霍兹积分给出了理论上精确重建空间声场的方法，但是并没有给出重建扬声器数量及其排布方式与声波频率等参量的关系。2004 年，布鲁因（Bruin）提出使用离散排布的一定数目的扬声器可以重建一定频率范围内的声场，但扬声器间的两两间隔要小于最高频率声音信号波长的 1/2，以满足空间奈奎斯特采样律，避免失真。

场波合成技术利用大量的扬声器实现较大听音区域内的声场重构效果，相比其他技术而言具有一定的优势，但要想使用波场合成技术在整个人耳听力频率范围内重建较大区域的声场，需要的扬声器数目十分庞大。对于最高频率为 20 kHz 的声音信号，重建时扬声器的间隔不能大于 8.5 mm；假设需要回复半径 1 m 的平面声场，则也需要由大约 740 个扬声器组成的环形扬声器阵列。这使得波场合成技术在实际应用中往往存在声场部分区域截断现象，故波场合成技术试验的复杂度较高，在实际应用中还不是特别广泛。

4.1.3 声场重构技术

基于高保真度立体声响复制（Ambisonics）的声场重构技术具有采集方式简单，且采集得到的通道数据格式固定、易于存储传输的特点，适合于开放格式下的三维音频实现。高保真度立体声响复制技术使用一定阶数截断的空间球谐函为单元对声场进行采集、编码和重放。采集时使用球面麦克风阵列记录空间中某一位置的声场信息；然后根据每个麦克风单元的指向性、角度等信息计算对应的球谐函数系数，将每个麦克风单元的对应在球谐函数单元的增益进行叠加得到高保真度立体声响复制编码通道。通道的个数与球谐函数的阶数有关，N 阶高保真度立体声响复制共有 $(N+1)^2$ 个编码通道。理论上完全重现记录的声场信息需要 $(N+1)^2$ 个重放扬声器，也可根据实际情况来减少扬声器个数，但会损失一定的声场信息。根据扬声器的位置、角度计算得到解码矩阵，再通过编码通道进一步求得每个扬声器的增益。图 4－3 为基于高保真度立体声响复制编码和解码过程的整体方案，在需要进行声场信息压缩的场合，可以对高保真度立体声响复制编码文件运用音频编解码器进行编码和解码操作，高保真度立体声响复制编码文件解码后可以对应扬声器输出，也可以借助 HRTF 滤波在虚拟扬声器基础上生成双耳立体声。

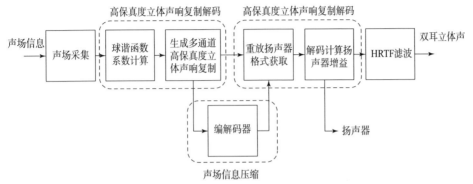

图 4 – 3　基于高保真度立体声响复制编码和解码过程的整体方案

1. 高保真度立体声响复制编码

高保真度立体声响复制是将空间声场通过球谐函数进行一定阶数的展开，根据第 3 章式（3 – 5）中 $Y_n^m(\theta, \varphi)$ 即为球谐函数，是方位角 θ 和高度角 φ 的函数，n 为当前球谐函数所对应的阶数，而 m 的取值范围满足 $-n \leqslant m \leqslant n$。由此可知，当采用 N 阶截断时，所需的球谐函数个数为 $M = (N + 1)^2$。$0 \sim 3$ 阶球谐函数的三维极性指向如图 4 – 4 所示。

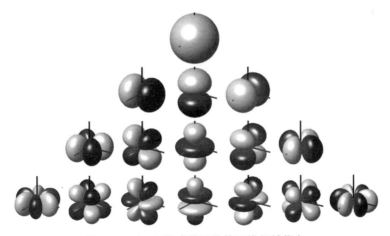

图 4 – 4　$0 \sim 3$ 阶球谐函数的三维极性指向

习惯上采用 W、X、Y、Z 等字母对各阶应的球谐函数进行标号，实际应用中通常使用固定数学模型计算球谐函数，具体的模型有弗斯（Furse）和马哈姆（Malham）提出的 FuMa 格式、N3D 格式、ACN/SN3D 格式等。不同格式的权重计算和球谐函数的排布顺序略有不同，其中符合 ACN 排布顺序的格式又称为 B – Format 格式。以 B – Format SN3D 格式为例，二阶 SN3D 球谐函数系数如表 4 – 1 所示。

表 4 – 1　二阶 SN3D 球谐函数系数表

ACN	阶数	角度表示	笛卡尔坐标系表示
0	0	1	1
1	1	sin（a）cos（e）	y
2	1	sin（e）	z
3	1	cos（a）cos（e）	x
4	2	sqrt（3/4）sin（2a）cos（e）cos（e）	sqrt（3）xy
5	2	sqrt（3/4）sin（a）sin（2e）	sqrt（3）yz
6	2	（1/2）（3sin（e）sin（e）−1）	（1/2）（3zz−1）
7	2	sqrt（3/4）cos（a）sin（2e）	sqrt（3）xz
8	2	sqrt（3/4）cos（2a）cos（e）cos（e）	sqrt（3/4）（xx−yy）

在考虑单位半径球面上（$r=1$）的声源的声场重建时，设声源为 s，用 B_n^m 表示每个球谐函数对应的具体声场，即

$$B_n^m = Y_n^m(\theta_s, \varphi_s) \cdot s$$

当存在 k 个声源时，则有

$$B_n^m = \sum_{i=1}^{k} Y_n^m(\theta_i, \varphi_i) \cdot s_i$$

通过计算每个球谐函数对应的增益来记录整个声场，完成对声场的高保真度立体声声响复制编码。

2. 高保真度立体声声响复制解码重放

高保真度立体声声响复制系统需要一定数量的扬声器来进行声场的重放，沉浸式音频应用中通常先进行虚拟扬声器的排布构建和增益计算，进而再通过头相关变换函数（Head Related Transfer Function，HRTF）混合为双耳信号。对每个扬声器的增益计算是由对该扬声器位置处对应的球谐函数分量的混合叠加得到，最后在扬声器阵列的中心位置处重构原始声场。一般扬声器都分布在同一球面上，以避免距离不同造成的影响。假设 g 为扬声器重发信号，其所处方

位角、高度角为 (θ_g, φ_g)，则 g 为

$$g = \sum_{n=1}^{N} \sum_{m=-n}^{n} c_n^m \cdot B_n^m \tag{4-5}$$

N 阶对应共 M 个球谐函数，为表示简单，用 $c_i(i=1,2,\cdots,M)$，$B_i(i=1,2,\cdots,M)$ 表示 c_n^m，B_n^m。假设共有 L 个重放扬声器，则有

$$\begin{bmatrix} g_1 \\ g_2 \\ \vdots \\ g_L \end{bmatrix} = \begin{bmatrix} c_{1,1} & c_{2,1} & \cdots & c_{M,1} \\ c_{1,2} & c_{2,2} & \cdots & c_{M,2} \\ \vdots & \vdots & \ddots & \vdots \\ c_{1,L} & c_{2,L} & \cdots & c_{M,L} \end{bmatrix} \cdot \begin{bmatrix} B_1 \\ B_2 \\ \vdots \\ B_M \end{bmatrix} \tag{4-6}$$

不同扬声器发出的信号依然可以进行高保真度立体声声响复制编码，且 L 个扬声器的重构声场为 $[B_1, B_2, \cdots, B_M]^{\mathrm{T}}$，即

$$\begin{bmatrix} B_1 \\ B_2 \\ \vdots \\ B_M \end{bmatrix}^{\mathrm{T}} = \begin{bmatrix} g_1 \\ g_2 \\ \vdots \\ g_L \end{bmatrix}^{\mathrm{T}} \cdot \begin{bmatrix} Y_1,(\theta_1,\phi_1) & Y_2,(\theta_1,\phi_1) & \cdots & Y_M,(\theta_1,\phi_1) \\ Y_1,(\theta_2,\phi_2) & Y_2,(\theta_2,\phi_2) & \cdots & Y_M,(\theta_2,\phi_2) \\ \vdots & \vdots & \ddots & \vdots \\ Y_1,(\theta_L,\phi_L) & Y_2,(\theta_L,\phi_L) & \cdots & Y_M,(\theta_L,\phi_L) \end{bmatrix} \tag{4-7}$$

联合式（4.4）消去 $[B_1 \quad B_2 \quad \cdots \quad B_M]^{\mathrm{T}}$ 可得

$$\boldsymbol{Y}^{\mathrm{T}}\boldsymbol{C} = \boldsymbol{E} \tag{4-8}$$

式中，$\boldsymbol{E}$ 为单位矩阵。则当重放扬声器个数等于球谐函数个数，即 $L = M$ 时，$\boldsymbol{Y}$ 为方阵，表示扬声器个数与高保真度立体声声响复制信号的通道数相等，此时矩阵可逆，有唯一解，即

$$\boldsymbol{C} = (\boldsymbol{Y}^{\mathrm{T}})^{-1} \tag{4-9}$$

如果 $\boldsymbol{Y}$ 不是方阵，则 $\boldsymbol{C}$ 为 $\boldsymbol{Y}^{\mathrm{T}}$ 的广义逆矩阵，即伪逆矩阵。当 $L < M$ 且 $\boldsymbol{Y}^{\mathrm{T}}$ 满秩时，有

$$\boldsymbol{C} = \mathrm{pinv}(\boldsymbol{Y}^{\mathrm{T}}) = (\boldsymbol{Y} \cdot \boldsymbol{Y}^{\mathrm{T}})^{-1} \cdot \boldsymbol{Y} \tag{4-10}$$

当 $L > M$ 时，有

$$\boldsymbol{C} = \mathrm{pinv}(\boldsymbol{Y}^{\mathrm{T}}) = \boldsymbol{Y} \cdot (\boldsymbol{Y} \cdot \boldsymbol{Y}^{\mathrm{T}})^{-1} \tag{4-11}$$

重放扬声器的个数越多，声场重建的效果就越好。矩阵 $\boldsymbol{Y}$ 内部的各元素由重放扬声器的数量和方位决定，其中扬声器的方位对于解码矩阵 $\boldsymbol{C}$ 所带来的声场重建效果尤为重要，扬声器分布越均匀，重建效果就越好。要进行三维空间的声场重构，最好的扬声器排布方式为正多面体。扬声器位于正多面体的顶点

上，其中顶点数最多的为具有 20 个顶点的正十二面体。为了兼容目前已有的扬声器排布方式，也可采用 5.1、7.1、7.1.4 等声道排布来重建高保真度立体声响复制声场。双耳重放时将各方位扬声器信号经过对应的头相关变换函数处理后，混合叠加生成双耳信号。表 4 - 2 给出了二阶高保真度立体声响复制的 5.1 通道排布。

表 4 - 2   二阶高保真度立体声响复制的 5.1 通道排布

ACN	0 In	1 In	3 In	4 In	8 In
左前	0.286 4	0.310 0	0.320 0	0.144 3	0.098 1
右前	0.286 4	- 0.310 0	0.320 0	- 0.144 3	0.098 1
前部中心	0.060 1	0.000 0	0.040 0	0.000 0	0.052 0
左环绕	0.449 0	0.280 0	- 0.335 0	0.092 4	- 0.092 4
紧密环绕	0.449 0	- 0.280 0	- 0.335 0	- 0.092 4	- 0.092 4

4.1.4　多声道下混和扬声器增强

多通道三维声重放是目前各大音效和相关设备厂商的主流三维音频技术。在许多重放系统中，扬声器的数目不能同编码的音频声道的数目匹配，在家庭环境下当只有双声道立体声音箱时，需要实现对 5.1、7.1 等多通道信号道双通道信号的转换。一般把多声道音频转换为立体声的过程称为下混（Down Mix）。如 5.1 声道转换为双声道，传统方法是利用 5.1 声道中 L、R、C、L_s、R_s 通路的加权组合下混成立体声，Dolby AC3 中将 5.1 声道下混为立体声的公式为

$$\begin{cases} L_t = 1.0 \times L + 0.707 \times C - 0.707 \times L_s - 0.707 \times R_s \\ R_t = 1.0 \times R + 0.707 \times C + 0.707 \times L_s + 0.707 \times R_s \end{cases} \quad (4 - 12)$$

这种方式有一定的双通道立体声空间效果，但是不能准确恢复声像位置。在双耳立体声的回放系统如在耳机听音场合下，需要借助虚拟环绕声的相关研究，利用双耳立体声重现多通道重放效果。

另外，在多扬声器回放系统中还会用到扬声器增强，用来补偿扬声器的频响特性曲线，改善扬声器的低频表现。尤其对于耳机等尺寸较小的扬声器，在音频重放的很多方面存在缺陷，如对低频信号的表现不佳，其低频截止频率通

常为 100 ~ 240 Hz，动态范围通常只有 60 dB。有些扬声器的频率响应不够平坦，在某些频率上有峰值或者凹陷影响了重放效果。通常的修正方法是设计一个滤波器对扬声器的频响曲线进行补偿校正，从而改善整个重放系统的瞬态响应和频响特性。

4.2　基于双耳的空间音频渲染

随着用户对音视频沉浸感与真实感要求的提高，双耳三维音频在越来越多的领域得到广泛应用，如虚拟现实、流媒体、游戏等。在实际应用中，三维音频的双耳重构回放是不可或缺的环节，其中用到一项关键技术：头相关传递函数（HRTF）渲染技术，其模拟了人耳接收声音的过程。在面向双耳或双声道听音设备的沉浸式空间音频系统中，当声源信息完成了采集和传输后，必须完成对双耳的渲染重放才能达到一定的沉浸效果。把声道、对象、场景方式下的重放信号混合成双耳信号，以及实时跟踪头部位置，根据声源与头部的相对距离、角度等信息修正最终得到的双耳重放信号都需要头相关传递函数渲染技术。

4.2.1　双耳感知特性

人耳主要依靠双耳时间差（Interaural Time Delay，ITD）和双耳声级差（Interaural Level Difference，ILD）来对声音方位进行感知并进行声源定位，双耳时间差和双耳声级差分别指两耳接收到的声音信号的时间差和强度差。在低频情况下，ITD 对声源方位感知起主要作用；高频情况下，双耳声级差对声源方位感知起主要作用。人耳主要依靠单耳听到的直达声和周围环境的反射声进行声源距离的判断，故可以用直达声的响度和控制周围环境反射声来控制声像的距离。

由于人类的听觉系统的本身特性，人主观感受到的声音与实际声音往往存在一定的差别。心理声学指人对声音的特定主观感受，主要包括德波埃效应、哈斯效应和劳氏效应等。

德波埃效应是指人耳对多个声源的辨别能力和声源的强度有关，如将两个声源对称地放置在头部前方，声源声压强度相同时人耳认为声源来自正前方；

当其中一个声源声压逐渐增大，定位方向将逐渐靠近该声源方向；当声压差超过 15 dB，人耳认为声源来只自于声压强度大的声源。

哈斯效应是指当人耳辨别来自不同方向上的声源信息时，若两个声源到达人耳的时间差在 5 ~ 30 ms 时，人耳只能辨别出先到达的声音信号和其方位；若时间差为 30 ~ 50 ms，人耳将分辨出同一方向上的两个声音；当时间差超过 50 ms，人耳才能分辨出两个方位的声源信号。

劳氏效应是指将声源的延时信号反相叠加在声源信号中时，人耳会产生明显的空间印象，认为声源来自各个方向。

人的头部、耳廓、躯干等会对声场中的声音信号的传播起到散射、衍射、绕射等作用，从而使得双耳接收到的声音信号存在一定的差异。人的耳廓等结构对于声波的作用可看作一个滤波器，称为头相关传递函数（HRTF）。如图 4 - 5 所示，HRTF 模拟了人耳对空间中声音方位、距离的感知。

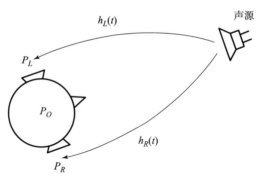

图 4 - 5　头相关传递函数示意图

对于双耳声学来说，建立一个足够密集、能够覆盖所有方位、高度角和距离信息的 HRTF 是重要的一步。可以通过理论模型对 HRTF 进行仿真构造，但是这种方法往往精度有限。通常采用试验测量的方法获得 HRTF 数据。一般 HRTF 的测量使用真人或者人工头，将传声器置于左右耳道中，通过改变声源的位置采集得到不同方位角、高度角和距离处的 HRTF 数据。需要注意的是，HRTF 具有个性化特征，当测量值与真实体验的用户数据不匹配时重构效果会显著下降。

4.2.2　基于头相差传递函数的双耳音频渲染

头相差传递函数可以看成是一组滤波器，还原左右耳对于各个方向、距离声源的感知效果。在自由声场环境下，左右耳的头相差传递函数定义为

$$\begin{cases} H_L = H_L(r,\theta,\varphi,f) = P_L(r,\theta,\varphi,f)/P_0(r,f) \\ H_R = H_R(r,\theta,\varphi,f) = P_R(r,\theta,\varphi,f)/P_0(r,f) \end{cases} \qquad (4-13)$$

式中：P_L 和 P_R 为固定单声源在受测者双耳产生的声压信号；P_0 为受测者离开后固定单声源信号在原受测者双耳处产生的声压信号。从式（4-12）可以看出，头相关传递函数与声源频率、声源相对于人耳的距离、方位角和高度角有关。头相关传递函数对应的时域信号称为头相关脉冲响应（Head Related Impulse Response，HRIR）。在角度、距离等已知的情况下，使用头相差传递函数直接滤波获得双耳信号，其过程如图 4-6 所示。

$$\begin{cases} X_L = H_L S \\ X_R = H_R S \end{cases} \qquad (4-14)$$

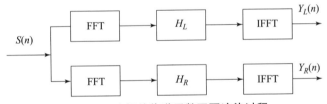

图 4-6　头相差传递函数双耳渲染过程

精确的头相差传递函数测量需要在专业的消音室内进行，测量可以采用真人或者人工头。受测者固定在中心位置，不同距离，角度处的扬声器播放冲击信号，用放置在受测者耳道中的微型麦克风采集信号，与原始信号进行解卷积即可得到对应的头相差传递函数。在测量近场头相差传递函数时（声源与头部中心距离小于 1 m），头相差传递函数受距离的影响显著，因此要考虑到声源距离对头相关传递函数的影响。在远场条件下测量头相差传递函数时可以选取音箱作为声源，但在近场测量时音箱体积过大无法看作点声源，故需要选取合适的声源。测量头相差传递函数时可以选择窄脉冲信号、最长随机序列（MLS）、Golay 码、白噪声、扫频信号等作为声源信号，不宜选用正弦信号等频率成分单一的信号。脉冲信号可以选取击掌声、电火花声、气球爆破声等。

测试时往往将人工头置于可以旋转并有角度标识的云台上，每隔一定的角度进行测量，同时调整声源的位置，满足不同方位角、高度角时的测试需求。由于声源发生系统往往并不是时不变系统，可以在声源附近放置传声器进行接收记录每次测试的声源信号。

HRTF 具有个性化特征，得到一组 HRTF 需要进行大量的重复测试，采集每个人的 HRTF 是不现实的。1994 年 MIT 的加德纳（Gardner）等对 KEMAR 人工头进行测量，得到了高度角范围 − 40°~90° 的 710 个方向上的 512 阶 HRTF 数据库。2000 年，加州大学戴维斯分校 CIPIC 实验室的阿尔加齐（Algazi）等对 45 个真人进行测量，得到了 50 个仰角和 25 个水平角共 1250 个方位的 HRTF 数据库，同时还提供了每位受测者的头部和肩膀的 17 个参数以及耳廓的 10 个参数。2006 年，华南理工大学的谢菠荪等对中国人的 HRTF 进行了测量。2009 年，北京大学的曲天书等以电火花作为点声源信号，对距离头部最近 20 cm 的近场 HRTF 进行了测量，并分析了方位角、高度角和距离等参数变化在近场、远场情况下对 HRTF 的影响规律。2013 年，日本东北大学测量了 105 位受试者（210 只耳朵）的 HRTF 数据集，对每个受试者耳朵进行 865 个方向的 HRTF 测量，其中水平角的间隔为 5°，仰角的间隔为 10°（球坐标系里的 30°~90°），同时通过包含 39 名受试者的人体测量数据集。目前，国际上公开的 HRTF 数据库主要采用 AES 协会在 AES69—2020 标准中规定的 SOFA（Spatially Oriented Format for Acoustics）格式进行存储。SOFA 是一种文件格式，用于存储面向空间的声学数据，如 HRTF 和双耳或空间房间脉冲响应（BRIR、SRIR）。

HRTF 存在个体差异的影响，但由于其测量成本较高，实际应用中往往使用非个性化的 HRTF，导致听众的沉浸体验感不佳。从目前已有文献的试验结果分析，个性化 HRTF 能够提高定位精度，尤其是垂直方向，一定程度削弱了头中效应，一定程度减少了前后混淆现象，普遍认为使用个性化 HRTF 对提升沉浸体验感是有直接帮助的，但提高程度在不同听感维度上有多大还没有确定的结论。许多学者对 HRTF 的个性化进行了研究，希望避免采用试验的方法测量 HRTF 并能够准确地定制个性化 HRTF。考虑到 HRTF 与人体参数密切相关，许多研究探索了基于人体参数的个体化 HRTF 预测方法，米德尔·布鲁克斯（Middle Brooks）及同事在 1999 年提出通过频率缩放来让不同人适应通用 HRTF 集，并于 2000 年宣称可以通过线性回归从头部和耳廓测量的组合来估计比例因子。2002 年，佐特金（Zotkin）在实施了一种粗略的最近邻方法，该方法仅使用在耳廓图片上测量的 7 个形态参数来预测个性化 HRTF，与非个性化 HRTF 相比，定位性能得到一定改进（高度得分平均增加 15%）。2014 年，比林斯基（Bilinski）选择使用人体测量参数模型的系数来预测 HRTF 集。近些年来，很多学者开始使用深度神经网络来完成此项任务，如周（Zhou）等在 2021 年的国际声学、语音与信号处理会议（ICASSP）上发表论文，称输入三维扫描的人耳模型，通过 Unet 回归网络得到对应的个性化 HRTF。

由于空间化的主观感知是最终目标，另一种选择是提出一种基于听者反馈的低成本个性化方法，可分为两类：选择和适应。

（1）选择。目前往往是通过客观或感知的方法先对数据库进行先验聚类，再由听众去选择，不过选择时间往往较长。

（2）适应。在数据库中选择非个体 HRTF 的过程中可以基于来自听者的感知反馈进行调整，如频率缩放、基于滤波器设计调整、基于统计模型的调整。

4.2.3　双耳音频渲染中的音效

4.2.3.1　混响

混响（Reverberation）是现实中常见的声学现象，混响音效在电视、音乐制作等多媒体应用中起到重要作用。虚拟现实中还原特定场景下的空间音频，声音在不同环境下的混响效果再现对音频沉浸感体验非常重要。

当声波在各种环境中传播时，会被墙壁等各种障碍物反射、吸收，当障碍物尺寸小于波长时，声波会发生明显的衍射。与此同时，由于任何材料都不能完全吸收所有频段的声波，因此声波的透射也需要考虑。到达人耳之前，声波经过了声源和听者所在空间的各种影响，这些除了直达声以外的由空间产生的听觉效应称为混响。声波随着传输距离和反射次数的增加逐渐衰减，所以混响的总趋势一定是逐渐衰减最终趋于 0。

源信号首先到达人耳的声音称为直达声（Direct sound），随后的几个比较明显分开的声音称为早期反射声（Early reflected sounds），其声压较大。来自最主要的几个反射声源，能够提供较多的空间信息以及人耳和反射物体之间的距离关系。其后还有一段连绵不断逐渐衰减的声音称为尾音或者后期反射声。

从第一次反射声到整个混响消失经过的时间称为衰减时间（Decay time），这是描述混响的重要属性之一（图 4 - 7）。一般空间中可反射声波的物体越少，空间越大，越空旷，混响的衰减时间就越长。比如维也纳音乐厅的衰减时间为 2 s，波士顿音乐厅衰减时间是 1.8 s。

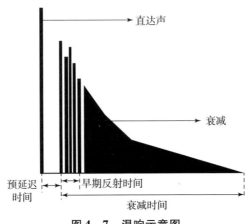

图 4 - 7 混响示意图

预延迟时间（Predelay）指直达声到达和早期反射生分别到达人耳的时间差，空间越大则预延迟时间越长。理论上的衰减时间是无限的，因为不存在声音被 100% 吸收的情况，但过小的声音无法被人听到，因此我们规定一个阈值，当声音衰减超过这一阈值时视为混响结束。RT60 或 T60 是最常用的参数，RT 为 Reverberation Time（混响时间）的缩写，RT60 是指空间中声源声压衰减 60 dB 所用的时间，单位为 s。室内 RT60 可以由塞宾公式粗略计算得出，即

$$RT60 = 0.163 \cdot \frac{V}{\alpha \cdot S} \tag{4-15}$$

式中：V 为房间体积；α 为墙体平均吸收系数；S 为墙体面积。一般对于室内混响，房间体积越大混响时间越长；平均吸声系数越大，混响时间越短。对于不同的声波频段，其混响时间也不相同。混响时间不仅关系到声音是否悦耳，更与声音的真实性紧密相连。过短的混响时间会让声音干枯、不够响亮与丰满；过长的混响时间则会让声音含混不清，不够真实自然。

人们很早就认识到混响的重要性，并尝试使用各种方法给数字音频添加混响。最早的人工混响是通过数字信号处理算法把混响简化为滤波器模型，通过设计不同的滤波器结构和调节滤波器的参数来实现模拟不同的环境混响。20世纪 70 年代，一些学者提出了数字混响器的概念。数字混响器就是对原始音频进行处理，产生具有一定的混响效果音频的数字信号处理系统。常用的数字混响器模型有梳状滤波器模型、全通滤波器模型、施罗德（Schroeder）混响模

型和摩尔（Moorer）混响模型等。随着计算机、各类 DSP 芯片的进步，我们也可以通过采样混响的方式得到经过混响处理后的音频。采样混响就是构造一个房间冲击响应（Room Impulse Response，RIR）来模拟环境混响效果。有时把人头部、耳廓的影响考虑进去，得到双耳房间脉冲响应（Binaural Room Impulse Response，BRIR），BRIR 类似于 HRTF 的时域表示 HRIR，但是测量时把周围环境考虑进去，采集直达声和反射声，包括整个混响，所以一般情况下与 BRIR 相比 HRIR 有更长的阶数。在获得准确的房间冲击响应的情况下，采样混响能够准确重现特定环境下的混响效果。

准确高效地获得房间冲击响应是目前亟待解决的问题，这是因为房间冲击响应是多种声学现象共同作用的结果，包含了非常多的因素。与此同时，由于听者和声源的位置变化将会影响房间冲击响应，在交互式的应用场景中，要求房间冲击响应的获取具有实时性。获得房间冲击响应的方法分为两大类：直接测试和仿真计算。

（1）直接测试记录冲击声信号（电火花、气球爆炸、发令枪）以获得房间冲击响应。该方法简单易行，且声源的各向同性好，声波能量的衰减是理想的与距离成平方反比关系，缺点是声信号的频谱不理想。我们也可以使用扬声器播放测试信号，然后通过反滤波器得到房间冲击响应。测试信号有很多种，对数扫频信号是综合性能较为优秀的一种。直接测试这种方法测试信号频谱可控，可重复性好；缺点是音响自身的性能会引入一些干扰，并且只有在远场的情况下音响系统的声场空间分布是理想的。

（2）仿真计算比直接测试较为简便，但是各种方法都会在不同程度上引入一些误差。最准确的方法是通过物理场的有限元、边界元模型进行计算。理论上只要有限元数量足够多，频率间隔足够小，仿真计算可以无限趋近于真实，但同时计算量也会成倍增加，对设备要求较高且会消耗大量算力。比较简化的模型是将声波场视为声源到听者的折线，转折发生在界面上。

镜像源法是最为简单的方法，该方法对长方体的空间做镜像，将所有声源镜像产生的声音叠加。镜像源法的问题在于房间形状被限定为长方体。声线法改进了这一问题，其原理是从声源发出大量射线，射线遇到界面后反射，最终将进入人耳的声线相加。但是将声音视为声线忽略了声音的衍射，而低频声波的衍射相比高频更为严重，因此这种射线模型对于低频的处理是非常不准确的。近些年，有学者使用深度学习的方法去逼近声音传播这一复杂过程，比较有代表性的有 Fast‑Rir、MESH2IR，尽管这些方法的准确度有待提高，但是其目前的结果已经足够令人欣喜。

4.2.3.2 多普勒效应

多普勒效应是一种日常生活中常见的声学现象，由奥地利科学家多普勒于 1842 年发现。当声源和接收者存在相对运动时会发生多普勒效应，主观听觉上表现为声调的升高或降低。在虚拟现实中声源相对观察者存在相对运动尤其是在高速运动的场景中，通过加入多普勒效应能够加深沉浸感和真实感体验。

假设声源以速度 v 以图 4 – 8 中所示方向运动，则声源和接受者的相对速度为

$$v_s = v\cos\theta \tag{4 – 16}$$

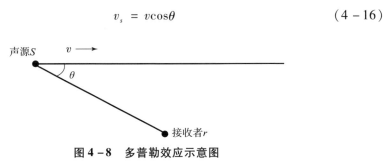

图 4 – 8 多普勒效应示意图

则有关系

$$\frac{f}{f_s} = \frac{c}{c + v_s} \tag{4 – 17}$$

式中，f_s 为接收者接收到的声波频率。可见频率相对于声波的原始频率有所增加，即声调上升；当声源与接收者的相对运动使其距离增大时，声调会降低。而且随着声源的运动 θ 在不断改变，所以声调的增减也在随时间变化，当 $\theta = 90°$ 时声源从靠近忽然变为远离，声调会产生突变，这时的多普勒效应最为明显。

4.2.3.3 音效增强

音效增强的目的是改善重放的听音体验，一般包括均衡器调节、立体声增强、扬声器均衡、自动增益控制、动态范围调整、低音增强等多种技术。

均衡器用来调节音频系统的频响特性，通过改变各个频带的幅度增益来改善重放系统和人耳对不同频率声音信号的响应和敏感度；同时也可以营造不同的听音效果，满足听音者的个性化需求。为了使各个频带的调整不互相干扰，

均衡器的过渡带应尽可能狭窄。

立体声增强通常用于双耳重放中，使立体声产生更强的空间感和环绕感。立体声增强的关键算法是提取信号中的直达声和环境背景声。直达声往往包含音频内容中的人声、对白等信息，对直达声进行处理以增强人声和对白的听感。背景声中包含反射声和混响等信息，可以对其进行处理来增强声场的宽度，营造环绕感，也可以降低左右通道之间的相关性来增强空间感和环绕感。

4.3 空间音频主观评价

随着沉浸式音频需求的日益增长，众多采集制作、编解码和渲染技术的涌现，需要通过质量评价对比其效果的优劣。质量评价可分为主观评价与客观评价。主观音频质量评价基于听音人对音频的主观印象，依据预先规定的评分标准进行评分，由于其直观性和可靠性而成为音频质量评价的黄金标准。主观评价方法认可度高，但操作耗时耗力，研究者也希望开发快速方便的客观评价工具。但相对主观评价方法，客观评价的准确度仍不是很理想，尤其是在针对空间音频质量进行评价时缺少很好的解决方案。下面我们从 3 个方面介绍多声道音频主观评价国际标准、无参考空间音频主观评价方法、双耳虚拟音频主观评价方法。

4.3.1 多声道音频主观评价标准

为了对三维音频技术的效果进行评价，通常采用的方法是评估经过三维音频技术处理后的音频信号，通过对比处理前后音频文件的质量差异，从而获得相应技术的效果评价，也就是有参考的评价方法。如针对三维音频编解码的评价，需要对比压缩编码前后的三维音频效果，此时可以使用有参考的评价方法。国际标准中典型的针对扬声器回放条件下的多声道音频质量主观评价有 ITU – R BS. 1116《多声道音频系统中小损伤主观评价方法》（即通常所说的《带隐藏参考的双盲三激励测试方法》）、ITU – R BS. 1534《中等质量音频系统的主观评价方法》（MUSHRA）以及 ITU – R BS. 1284 评价标准。ITU – R BS. 1284 评价标准是基于 ITU – R BS. 1116 小损伤音频评价标准的改进，适用于一般的音频质量主观评价。

若测试的音频系统中引入了细小的损伤，且若不严格控制试验条件和进行适当的统计分析，将无法探测到这些细小的损伤，此时适用于 ITU – R BS. 1116 测试方法。该方法能够准确检测出微小的失真，具有灵敏、稳定的特点。在该测试方法中，每一小节均有 3 条测试音频文件（A、B、C），其中 A 是已知的原始参考音频，B 和 C 分别可能是待测的损伤音频和隐藏的参考音频，但具体的对应关系未知。每小结均可重复收听，听音人员需要能准确分辨出 B 和 C 中的隐藏参考和待测损伤，并按照连续五级损伤测试评分标准（表 4 – 3）为待测音频信号打分。

表 4 – 3　连续五级损伤测试评分标准

评分	整体质量描述
80 ~ 100	优异
60 ~ 80	良好
40 ~ 60	一般
20 ~ 40	较差
0 ~ 20	极差

三维音频的打分应根据音频回放方式的不同而选择不同的属性指标，最后综合所有的指标得到总体得分。具体的指标一般包括：基本声音质量、立体声声像质量（双声道耳机回放系统）；基本声音质量、前方声像质量、环绕声像质量（多声道音箱回放系统）。在正式测听前，应设计预测听试验，使听音人员熟悉测听流程和损伤等级，提高试验结果的准确度。由于 ITU – R BS. 1116 测试的主要对象为小损伤音频系统，因此听音人员需要选择对音频微小损伤敏感的专业人士，并且在测听前后要有测听者的预筛选和后筛选。预筛选的主要依据是预测试和测听者在之前测试中的表现；后筛选方法可大致分为两类：一类是该名测听者测试数据相比平均结果的不一致性；另一类是基于测听者正确鉴别出隐藏参考与损伤信号的能力。

由 ITU – R BS. 1534 标准规定的带隐藏参考和基准的多激励测试方法（MUSHRA），用于对中等质量的音频进行主观评价。MUSHRA 测试一次可以同时对多种测试信号进行打分，这些信号可以由不同的音频处理方式得到。大量应用了 MUSHRA 方法的实际测试结果表明，MUSHRA 在评价中级质量音频时可以给出准确和可靠的结果，相比 ITU – R BS. 1116 测试方法工作量更小。MUSHRA 是一种双盲音频信号比较测试方法，即在待测信号中含有隐藏的原始参考信号与隐藏的失真基准信号（锚点）。在该测试中，每一组包含 $4+X$ 条音频文件（一个已知参考，一个隐藏参考，一个隐藏低等级基准，一个隐藏中等级基准，X 个待测），听音人员要为除已知参考之外的 $3+X$ 条音频文件按照表 4 − 3 中规定的等级打分。打分时所采用的评估指标依据音频对象的不同而有所差别，通常情况下基本的音频质量是必不可少的。另外，针对不同的音频回放系统，可以增加对应的附加指标：当待测的三维音频为立体声系统时，应考虑增加立体声声像质量作为评价指标；当待测的三维音频为多通道系统时，前置声像质量和环绕声像质量也应作为评价的依据。与 ITU − R BS.1116 方法类似，为了得到可靠的结果，MUSHRA 测试也应设计培训环节。

为便于根据实际需求确定所用测试方案，ITU 还提出了一种通用的主观评估标准——ITU − R BS.1284 评价标准，在听音人员、测试属性、测试设备、测试环境、数据统计等方面进行了规范，并建议将以上众多 ITU − R 的方法结合使用。为了判断待测系统是中等质量的还是中小损伤，ITU 还提出了 ITU − R BS.1285 标准，用以对音频系统进行预选。

4.3.2　无参考空间音频主观评价

以上提出的方法主要针对有参考信号的情况，但在很多场景下是缺乏参考信号的，因此还需要无参考的主观质量评估方法。ITU − R BS.2132 评价标准提出了一种无参考情况下使用多激励对声音系统听感差异进行主观质量评价的方法，该方法的测试与评分基于 ITU − R BS.1534 评价标准中的 MUSHRA，但针对无参考的情况去除隐藏参考与锚点，换以多组信号的对比。

ITU − R BS.2132 评价标准在测试中包含两种类型的属性：总体主观质量和具体属性评分，前者代表总体感受，后者代表具体某些方面的感受。ITU − R BS.2132 评价标准使用连续质量量表（CQS）评分，评分范围为 0 ~ 100 分。听音者要评估每个系统的主观质量，并在连续质量量表上作出评分。测试分为训练阶段与正式测试。训练阶段应该使听音者熟悉测试期间将会经历的损伤和特性。评分结果有明显偏差的听音者应该从正式测试中筛除，以提高最终结果的可靠性。正式测试按属性顺序依次进行，在每组测试中，应按随机顺序放置与待测系统一致数量的测试语料，听音者可以对比评分。ITU − R BS.2132 评价标准使用总体主观质量和具体属性评分，其中微观属性还分为用以评价音质的属性和用以评价空间感的属性。

除国际标准化组织外，近年来国内外一些学者也在针对不同的评价对象进行评价方法的拓展研究。质量评价的评分需要以不同属性作为维度进行区分，其中描述整体质量的属性是不可或缺的部分。2022 年，北京理工大学研究团队在参考前人研究结果和对 3 种三维音频表示方法研究的基础上提出并设计了一种多属性无参考主观质量评价方法，其中包括属性定义、评分原则等，并进行了试验验证。根据所反映的特征，属性分为宏观属性和微观属性。宏观属性是整体聆听体验（Overall Listening Experience，OLE），代表对听感的整体评价；微观属性是清晰度、音色平衡、沉浸感、定位准确度，前两者反映音质，后两者反映空间感，代表了对听感不同角度的评价。表 4 - 4 展示了空间音频主观评价关键属性的划分及定义。

表 4 - 4　空间音频主观评价关键属性的划分及定义

属性类别		属性名称	定义
宏观属性		整体聆听体验	整体聆听体验指根据听音者体验对声音的总体评价
微观属性	音质	清晰度	声音的频域均衡程度，即听起来是清亮的还是沉闷的
		音色平衡	声音的音色均衡程度，即各元素是易分辨的还是含混的
		沉浸感	听音者对声音的环绕感评价
	空间感	定位准确度	听音者对声源方向的感知是否准确

下面具体解释各属性。

（1）整体聆听体验（OLE）：人们在首次听到某个声音时会有一种直觉，整体聆听体验反映了听音者的第一印象。对于三维音频，这种直觉既包括音质，也包括空间感，因此整体聆听体验是一个代表整体的宏观属性。

（2）清晰度、音色平衡：由于双耳重构会在频域影响原始信号，因此需要将音质相关的属性纳入考虑范畴。目前已有一些音质属性在现有方法中提出，如立体声图像质量或声音亮度。考虑到有效性和可操作性，ITU - R BS. 2132 评价标准采用清晰度和音色平衡两个属性。其中，通过清晰度的评分结果，可以判断声音在频域上是否有损失；通过音色平衡的评分结果，则可以判断不同声音元素的均衡性。

（3）沉浸感、定位准确度：三维音频的空间感体验十分重要，为了较全面地评价空间感，ITU - R BS. 2132 评价标准同时考虑了定性指标和定量指标。沉浸感作为定性指标，通过听音者的直观体验反映空间感，适用于含有众多元素的、较复杂的声音场景。定位准确度作为定量指标，通过让听音者选择声音方位，根据正确率反映空间感，适用于元素较单一的声音场景。

对于整体聆听体验、清晰度、音色平衡、沉浸感，听音者可以直接根据属性的定义进行评分，较为简洁明了；但对于定位准确度，听音者需要做选择题，原理较复杂，因此，接下来对定位准确度测试做更为详尽的解释。

考虑到三维声场中元素的多元性，定位准确度测试包含两部分：固定音源和运动音源。目前大多数空间音频研究主要关注水平面上的信号。

人耳对于左右两侧信号的判断准确度不如前后侧高，这种现象称为定位模糊。定位模糊的程度可以用最小可听角（MAA）来描述。一般人耳对前后侧信号的最小可听角为1°；随着信号到左右两侧，最小可听角会逐步扩大到20°。考虑到这些心理声学特性，ITU－R BS.2132 评价标准将固定音源的方位角划分到12个不均匀分布的区域，如图4－9所示。测试时，声音全部位于区域内而非边缘处，听音者需要判断声音来自哪个区域。

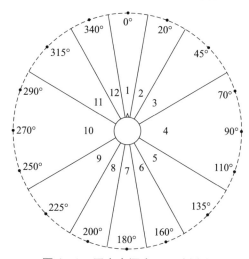

图4－9　固定音源水平区域划分

在前后对称的两个方位上，双耳时间差（ITD）和双耳声级差（ILD）是相同的，因此 HRTF 数据是相似的，会出现前后混淆现象。在真实环境下，人们往往通过头部的微微转动或视觉参照物来判断声音的前后方位，但测试所用双耳三维音频不涉及头部跟踪或视觉引导，因此可以通过试验设计对比 3 种表示方式在前后混淆上的表现。如图 4 － 10 所示，对于运动声源，ITU－R BS.2132 评价标准特别设计了 3 条运动轨迹，其中轨迹 1 与轨迹 3 均描述了从左侧到右侧的运动，但一个在前、一个在后，听音者需要判断这一点。轨迹 2

用于测试右侧运动轨迹的效果，因为左右不存在
混淆现象，所以单一轨迹就能同时反映左右两侧
的定位能力，不需要再另增一条左侧的轨迹，以
提高测试效率。

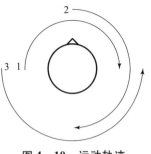

　　为了使结果能反映 3 种表示方式之间的细微差
别，对于整体聆听体验、清晰度、音色平衡、沉
浸感 4 个属性，听音者听音后直接根据感受评分；
而对于定位准确度，则将听音者选择方位或轨迹

图 4 – 10　运动轨迹

的正确率映射到 0 ~ 100 分：

$$L = \frac{C}{A} \times 100 \qquad (4-18)$$

式中：L 为定位准确度；C 为正确选项的数量；A 为测试组别的数量。基于该
评分规则，该评价标准建议使用听音评分一体化的 PC 软件用于实际测试，需
要记录听音者信息、播放音频、记录评分结果。无参考空间音频主观测试评分
软件界面如图 4 – 11 所示。

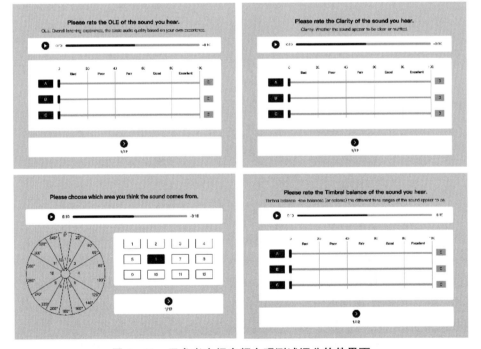

图 4 – 11　无参考空间音频主观测试评分软件界面

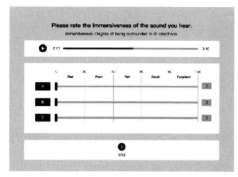 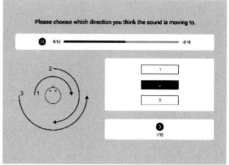

图 4 – 11　无参考空间音频主观测试评分软件界面（续）

由于缺乏参考信号，因此训练和对比流程是必要的。在开始对每一个属性进行正式评分前，先进行训练环节：一方面使听音者熟悉测试流程并了解如何判断该属性的好坏；另一方面可以通过训练阶段的评分结果排除缺乏基本听音能力的听音者，以免影响测试结果。在整体聆听体验、清晰度、音色平衡 3 个属性的听音训练中，会随机播放常规的单通道信号，并混入 3.5 kHz 低通截断的标准锚点，以及 7 kHz 低通截断的中等质量锚点。在沉浸感属性的听音训练中，会随机播放多声道音频、双声道音频、单声道音频。在定位准确度属性的听音训练中，会随机播放有明显方位感的信号，听音者需要判断声音的方位。

在正式测试中，不同表示方式的双耳三维音频会按随机顺序播放。5 个属性的评分是分开进行的，不同测试项之间会提供听音者休息时间，同时，每个语料的长度控制为 10 ~ 30 s。

4.3.3　双耳虚拟音频主观评价

现有的质量评价方法大多面向较早的立体声或多声道系统，在评价双耳渲染后的音频时仍存在局限性，尤其是面向虚拟现实（VR）应用场景下非常需要针对双耳渲染的音频主观评价方法。2019 年，北京理工大学研究团队首次针对 VR 系统的音频质量测试方法进行研究，提出了 VR 音频质量（VR – Audio Quality，VAQ）、VR 音频定位感（VR – Audio Orientation，VAO）、VR 音频声场真实感（VR – Audio Soundfield Reality，VAR）、VR 音频混响感（VR – Audio Effect，VAE）4 个创新型的属性。下面以虚拟现实（VR）双耳渲染评价为例,简要说明主观评价方法中的基本要素,为后续更广泛意义上的双耳虚拟音频评价提供参考。

4.3.3.1 VR 音频质量测试

VR 音频质量测试可以采用改进的多激励测试方法,评价指标为基本声音质量,如低频损伤、噪声、失真等。测试音源可以选取声道、对象、场景 3 种类型,经过双耳渲染器处理后产生具有方位信息的双耳立体声信号。测试的声源类型为乐器声、歌唱声、人声、动物声、机器声。渲染处理后的音频方位可以选取 360°空间中的不同方位,如水平方向上前、后、左、右 4 个方位;也可以有高度方位信息,需要视测试目的和应用场景来确定方位条件的个数。每个音源的长度控制在 10 s。每组测试包含 N 个测试项,其中原始参考信号选择原始无方位渲染时的声音(正前方),隐藏参考信号为分别经过 3.5 kHz、7 kHz 低通滤波得到的锚点信号。待测信号为不同渲染器处理后的不同方位信号,需要注意的是:进行对比的音频信号应调整为相同的音量,不同音量对音质测试影响较大。测听者可以点击每个音频进行反复对比听音,并进行 0 ~ 100 分的打分,音质的主观感受越好,打分越高。

4.3.3.2 VR 音频定位感测试

VR 音频定位感测试包括方位测试、距离测试和运动朝向测试,分别从静态和动态两个角度来测试双耳渲染后音频的定位效果。

1. 方位测试

方位测试的评价指标为定位的准确性。实际场景下水平方位声音的出现频次较多,测试中应重点考察水平方位渲染器的效果,也可以包含垂直方位的测试。需要注意的是,包含的方位越多,测试越烦琐,需要控制测试时间以免使听音人疲劳。具体方位可以选取水平方位上 20 个不同的方位角象限进行划分(图 4 - 12)。

考虑到人耳的听觉特性,对前方的方位敏感度高,对左右和后方的方位敏

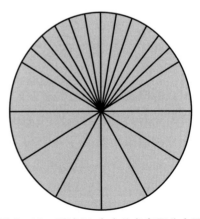

图 4 - 12　测试 20 个方位角象限分布图

感度较低，故采用非均匀划分的方式，如对正前方 120°平均以 10°进行划分，后方 240°平均以 30°进行划分；也可以针对具体测试需求调整重点关注区域的划分粒度，测听者依次听对应象限编号的音频，感受声音的方位变化。测试音源为经过渲染器处理后的不同水平方位处的双耳立体声信号。在正式测试之前，应该有训练过程，应对测听者进行测试软件的培训，测听者应熟悉测试音源类型；必要时需要对测听者进行方位的指向训练。需要注意的是，训练用的音源应与测试用的声源不同。精细的训练会提高测听者对方位区分的辨别精度，可能改变测试结果的绝对值。

2. 距离测试

距离测试的评价指标为距离的准确性。不同角度的距离感会有所不同，通常可以把音源位置固定在侧方水平 90°、仰角 0°的直线距离上（最近音源距离为 0.5 m，近场 1 m 内变化精度为 0.25 m，1 m 以外变化精度为 1 m），如图 4 - 13 所示。一般来说，测听者对距离的感知较难辨别，需要经过对比才能分辨不同距离的音源。在正式测试之前需要对测听者进行距离感的训练，训练过程中测听者依次点击不同距离对应音频编号，感受声源距离变化。

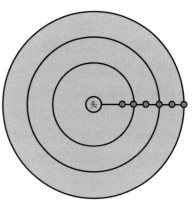

图 4 - 13　侧方水平距离示意图

测试阶段，对于不同的音源和渲染器进行分组测试，测听者对某一组中随机出现的声源距离进行判断，并进行记录。

3. 运动朝向测试

运动朝向测试的评价指标为运动方式的主观准确性。运动模式为以测听者为球心的球面上的圆弧运动，以消除距离变化造成的影响。典型的运动方式可以设置为 3 种：仰角固定时，点音源水平角弧线运动；水平角固定时，点音源仰角弧线运动；仰角、水平角均不固定时，点音源沿弧线运动，如图 4 - 14 所示。值得注意的是，对测试声源的选取要符合一般的认知逻辑，

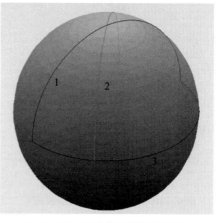

图 4 - 14　运动朝向测试示意图

即在现实中存在声源物体对应的运动方式，如可以选择虫鸣声、飞机螺旋桨声和汽车引擎声。运动朝向测试分为训练过程和测试过程。训练过程中测听者依次点击不同运动模式对应音频编号，感受声源运动。测试过程分组进行，每组采用选项的形式，测听者对运动模式进行判断并从给出的若干个运动模式中进行选择，并进行记录。

4.3.3.3　VR 音频声场真实感测试

VR 音频声场真实感测试可以针对 3DoF 场景仅进行头部转动的测试，称为头部追踪（Head Tracking）测试；针对 6DoF 场景下可以进行身体走动的测试，称为位置追踪（Position Tracking）测试。位置追踪测试的评价指标为声场的真实感，分为水平转动测试和垂直上下测试，测听者需佩戴具有陀螺仪的虚拟现实设备（如 VR 头盔）。

1. 水平转动测试

水平转动测试时测听者空间内原地旋转（或仅转动头部），场景内有成固定角度的双音源或多音源，测试用户在头部旋转的时候是否能正确感受到音源的相对位置，如图 4 - 15 所示。

2. 垂直上下测试

垂直上下测试时，测听者在空间内保持头部左右不移动，仅身体垂直高低进行运动，如图 4 - 16 所示。场景内有成固定角度的双音源或多通道音源，测试用户在头部高低变化的时候是否能正确感受到音源的相对位置。

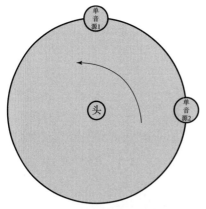

图 4 - 15　水平转动测试示意图

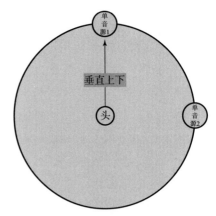

图 4 - 16　垂直上下测试示意图

位置追踪测试的评价指标为声场的真实感，测听者需佩戴虚拟现实（VR）设备。测听者在空间中位置可以随意变化，如图 4 – 17 所示。场景内有多个单音源。测试用户在不同位置时是否能正确感受到音源的相对位置。

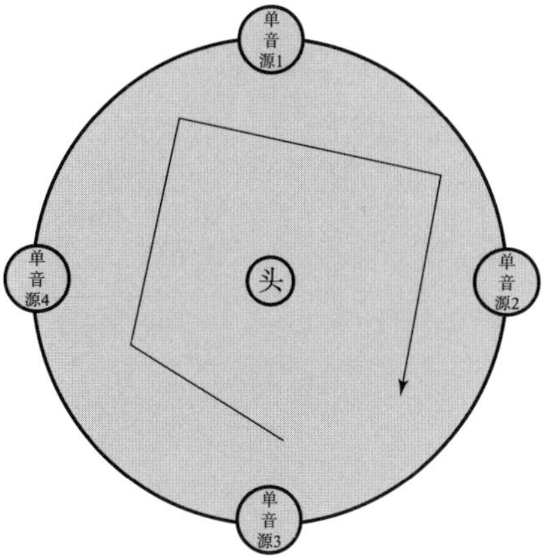

图 4 – 17　位置追踪测试示意图

4.3.3.4　VR 音频混响感测试

VR 双耳音频渲染音效包括混响、多普勒效应、遮挡效应等多种效果，其中最终的是混响音效。混响效果在主观测试中应能区分不同房间的大小、材质的空间感受，在 6DoF 场合下，测听者在声场中走动还应能感受动态的混响变化。在静态的混响音效测试中，测试场景的备选项可以是一般房间、软垫房、浴室、客厅、石室、礼堂、音乐厅、洞穴、竞技场、飞机棚、铺地毯的走廊、走廊、石头走廊、小巷、森林、城市、山区、工厂、平原、停车场、下水道、水下、实验室、卧室、村庄、小丛林等。测试中一般选取 10 ~ 20 个典型应用场景，且听感上具有一定的区分度。每个测试场景中包含有若干个音源。音源经过处理过后供测听者判断，判断经过混响处理的音源是否符合测试场景。混响效果测试一般需要配合视觉场景，如在 VR 设备中进行场景建模，并对渲染算法进行参数设置。测听者佩戴 VR 设备，随后依次打开测试场景，每种测试场景分别含有不同测试应用。测听者可以在区域内自由活动，随意感受音源变化。测听者依次告知不同测试应用是否符合人正常对于环境与音效变化统一的认知，并对相应测试应用的主观感受进行打分并记录下来。

目前国内外还没有针对双耳虚拟音频效果的主观测试标准，但国内外标准组织正在加紧制定适用于不同场合下的测试规范，如国际 ITU 标准组织针对 VR 场景下的虚拟音频和双声道空间音频的编解码效果进行过不同测试方法的研究和验证测试；国内 AVS 标准组织已经针对 VR 音频应用进行了主观测试方法的研究和验证，并得到一些有益的结论。这些测试工作都推动了沉浸式音频的技术发展与应用落地。

下篇　人机混合的音乐创作

第5章 智能音乐生成

5.1 国内外研究动态

5.1.1 音乐生成的数据类型

5.1.1.1 符号数据

在符号数据层面训练和生成音乐是目前比较流行的方法。约翰逊（Johnson）等提出的六面体（Hexahedria）复调生成框架采用 RNN 网络。网络中循环的部分表示时间，非循环的部分表示和声。采用这个方法生成的音乐的结构性很差，生成较为随机，在训练时很容易引起长期记忆的过度缩小或放大。Google Brain 的 Magenta 项目为增强多小节之间的长时程依赖，进一步优化改进了长短期记忆网络（Long Short Term Memorg，LSTM）。Attention RNN 在循环连接上添加了遮罩向量，以控制不同历史状态的模型权重对音乐生成的影响，但生成的片段比较短小而且结构较差。哈迪埃（Hadjere）等提出的长短期记忆网络很好地解决了这个问题，"低沉的巴赫（Deep Bach）"合唱系统结合了两个前馈网络和两个长短期记忆网络，可生成与巴赫四声部合唱风格高度相似的音乐，称为"风格迁移"。但是长短期记忆网络的缺点是缺乏高阶结构的输出，需要添加音乐规则的约束。拉特纳（Lattner）等提出的 RBM 网络添加了约束规则，在研究生成莫扎特风格的奏鸣曲时，既学习乐曲的织体特征，又可以手动添加和弦、曲式特征。RBM 网络的优点是可以约束采样进行梯度下降优化，缺点是计算时间漫长，对抽样噪音敏感。

近几年，变分自动编码器（Variational Auto Encoders，VAE）用于音乐生成的案例比较多，其本质是编码器和解码器的压缩算法，缺点是很难处理和声和复调。

阿克巴里（Akbari）等提出一种基于 VAE – GAN 结构的序列生成算法模型，在该模型中，首先对每个生成的连续帧进行编码，然后生成对抗网络（GAN）生成器根据编码序列的前一帧预测下一帧的生成，最后生成对抗网络判别器对真实数据和生成数据进行判断区分。但这种模型很难对长序列数据进行建模。为解决这个问题，Google Brain 公司的罗伯茨（Roberts）等提出 Music VAE 模型，使用分层解码器对音符的序列进行建模，并发现它比"平坦"基线模型显示出更好的采样、插值和重建性能。布伦纳（Brunner）等提出 MIDI – VAE 多轨复调音乐生成模型，利用插值算法自动改变音乐作品的音高、动态来转换风格，并通过验证分类器来评估风格迁移的效果。但该模型提取风格特征的时间片段过短，生成的音乐片段太短小。一直比较常用的生成对抗网络在图像生成和处理方面有显著成果，而杨（Yang）等提出的 MIDINet 将对抗生成网络和卷积神经网络（CNN）结合起来生成流行旋律。该架构由一个生成器、一个判别器及一个带有 4 个卷积层的条件网络组成，用以限定和声走向。另外，董（Dong）等提出的 Muse GAN 在研究多乐器多音轨编曲生成时先把音乐分为乐段、乐句、小节、节拍和像素 5 个层级，然后逐层进行生成。各个音轨相对独立且需要相互配合，最后将所有的乐器轨和小节作为样本，并将集中训练的样本输入判别器进行训练。但数据预处理的工作过于烦琐，需要一定的音乐乐理知识和前期的标注工作。布伦纳等提出 Cycle GAN 模型应用于符号音乐的风格迁移，添加额外的判别器，使生成器保持原始音乐的结构特征，但生成音乐的风格不够丰富。

5.1.1.2 原始音频数据

符号模型可以捕捉到融合结构的长期依赖性，但却无法掌握原始音频生成的细微差别和丰富性。原始音频模型直接训练采样音频波形，从而可以产生逼真的声音，即音乐的音色。Deep Mind 公司提出的波浪网（Wave Net）模型，该模型是基于概率和自回归的，每个音频样本的预测分布都取决于以前的模型，训练数据为音频波形文件，可生成非常逼真的音乐片段。但该模型训练时间太长，每一秒连续声音片段的每个计算单元就生成了 24 000 个样本，生成效率太低。考虑到 Wave Net 生成音频速度太慢的问题，Rachel Manzelli 等提出了一种结合了原始音频模型和符号模型的自动音乐生成方法，以生成结构更好、旋律更好听的音乐。该方法使用长短期记忆网络（LSTM）来学习旋律结构风格不同的音乐，然后利用这个独特的有象征性的结果作为基于 Wave Net 的原始音频发生器的条件输入，以生成一个自动产生全新音乐的模型。

5.1.1.3 序列数据

基于序列的表示利用几个序列来分别表示音高、时长、和弦和其他音乐信息。同一音乐片段的不同序列具有相同的长度，该长度等于音符数或节拍数与节拍分辨率的乘积。序列中的每个元素代表音符的相应信息。音高序列包含音高范围和一个休止符；持续时间序列包含音乐中所有类型的音符持续时间；和弦序列中和弦的根音用单个音名标注，和弦的类型用十二维二进制向量表示；小节位置表示小节中音符的相对位置，其值与节拍分辨率相关。有文献将一个乐谱表示为音高、节奏、和弦 3 个序列，规定每个时间步长只演奏一个音符；有文献将小节表示为两个长度相等的序列，其中音高序列包含所有音高并使用"."作为填充，节奏序列用符号"O"替换所有音高，并使用"_"来描述音符的延续。

以前都是通过离散化时间来分解乐谱，也就是为一个节拍设置一个固定的节拍分辨率。虽然离散分解非常流行，但对于节奏复杂的音乐来说，这仍然是一个计算上的挑战。为了生成具有复杂节奏的复调音乐，约翰（John）等提出了一种新的方法来生成乐谱，其中每个部分被表示为时间序列。这种方法把音乐看成是一系列的指令：开始弹 C，开始弹 E，停止弹 C，等等。可操作的游程编码大大降低了学习和生成的计算成本，代价是需要将乐谱分割成高度非线性的片段。这种编码方式也交织了不同部分的事件。特别是不同的研究者提出了不同的方法来编码音高序列中的连续音符。一种常见的方法是使用特殊符号，如下划线"_"。另一种方法是使用"保持"符号来表示音符连续性，有两种表示方法：①对所有音高使用"保持"符号，称为"单保持"；②对每个音高使用单独的"保持"符号，称为"多音"。例如，当节拍分辨率为 4 时，四分音符 C4 可以编码为［C4，保持，保持，保持］或［C4，C4_保持，C4_保持，C4_保持］。相反，另一种方法是通过标记音符的开始位置来指示音符的延续，如音符序列的每个元素被编码为 MIDI 音高编号和音符开始标记的组合，四分音符 C4 被表示为［60_1，60_0，60_0，60_0］。

5.1.2 音乐生成的方法模型

5.1.2.1 马尔可夫链

马尔可夫链是一种特殊的随机过程，即依赖于时间变量的随机事件序列，具有有限的状态数，下一状态的概率仅依赖于当前状态。在实践中，一个马尔可夫链所描述的是一个转换表，每一个元素 (x, y) 代表的概率从 y 到 x 的状态。因为每一行代表一个概率分布，元素连续的总和必须等于 1。

如果最后 n 个状态被用来确定下一个状态而不仅仅是最后一个状态的概率，这被称为 n 阶马尔可夫链。这些可以用一个转换来表示通过构造一个等价的一阶马尔可夫链，其中 A 是 n 阶链中的状态数。

马尔可夫链的顺序性质非常适合描述旋律，被视为一组音符的序列。实现生成旋律的马尔可夫链最简单的方法是使用一组音符作为可能的状态，并通过计算给定语料库中每个音符发生的转变来计算这些音符之间的转移概率，从而创建一阶马尔可夫链。

第一个音乐生成系统中描述了马尔可夫链的过程。普林斯顿（Pinkerton）通过手工分析 39 首儿歌的过渡，创造了一个过渡矩阵，从而创造了"Banal Tune Maker（平庸的调言调）"。使用的状态是 C 大调全音阶的 7 个音符（只考虑了一个八度），加上一个额外的符号，表示休止符或音符在一个拍子上延长。在这种情况下，马尔可夫链的状态只包含音高信息，需要使用其他策略来实现节奏；在这种情况下，所有的音符都保持相同的持续时间，额外的符号被用来在生成的音乐中引入休止符。当然，也可以采用其他方法，包括实现另一个马尔可夫链来处理持续时间。

这个简单方法的基本假设，即下一个音符只是依赖于前一个音符，是非常合理的，并且只会导致不太有趣的音乐结果。帕谢（Pachet）在"持续器"中使用了一种更精细的方法。他实现了一个可变阶马尔可夫链来处理可变长度的序列（相对于 n 阶马尔可夫链），也使用减少的层次结构系统分析了单个链节距、持续时间和速度，能够忽略已经学习到的部分信息，使系统能够与之前未得到满足的输入进行交互，并在不同的细节层次上考虑音乐结构。

希勒（Hiller）和伊萨卡隆（Isaacson）在他们的《丁香集》中使用了一种不同的方法，用马尔可夫链来产生动作和进展的序列，而不是音高和持续时间的序列，从而使用模型在更高的层次上组织音符。通过马尔可夫链组织更高结构层次的想法被用于 GEDMAS 系统，其目标是生成电子舞曲。为此，我们使用了一系列马尔可夫链来选择歌曲的一般形式（即一系列的乐句，每个乐句有 8 小节长）来填充，每个部分都有一个和弦序列，最后生成旋律模式。

从创作过程的角度来看，当马尔可夫链的阶数较高时，其存在大量非创造性的素材被重复使用甚至有抄袭的风险。它们在更高的结构层次（如上述 GEDMAS 的例子）中也很有用，在这种结构层次中，高水平的创造力通常没有生成旋律素材那么重要。

5.1.2.2　形式语法

乔姆斯基（Chomsky）引入了生成语法的概念，这是一种分析自然语言的工具，在语言学研究中产生了极大的影响。同样的概念应用于音乐的研究，尤其是勒达尔（Lerdahl）和杰肯道夫（Jackendoff）试图设计一个生成文法描述音乐，从音乐分析的概念引入了海因里希·申克（Heinrich Schenker）在《自由的》一书中介绍的概念，这很适合这个重写规则的概念，这是乔姆斯基语法的基础。

生成语法由两个字母组成：终端符号和非终端符号（或变量）。针对这两个字母的并集给出了一组重写规则：允许将变量转换为其他符号（包括变量和终端）。生成的语言是所有终端符号字符串的集合，可以从选择作为起点的特殊变量（通常称为 S）开始获得，在序列语法中应用任意数量的重写规则。

语法既可以看作是分析工具，也可以看作是一种衍生工具。例如，斯蒂德（Steedman）编写了一个生成语法来描述爵士和弦序列，帕切特（Pachet）描述了一个在一定程度上区分蓝调歌曲和非蓝调歌曲分析启发的系统，而切米利尔（Chemillier）实现了 Steedma 语法，创建了一个用于音乐生成的软件。

和弦序列可以很容易地编码为符号，但是如果给出足够的字母表，就有可能使用语法来生成任何类型的音乐信息。演中正敏（Masatoshi Hamanaka）描述一个分数自动分析系统，以勒达尔和杰肯道夫的调性音乐生成理论为基础，详细形成了描述音乐素材的语法。Quick 实现了一个软件，使用申克理论衍生的语法生成 3 个语音和声。

L – Systems（Lindenmayer Systems）是衍生系统的一个变体，用于音乐生成的语法。它们与语法的主要区别在于实现了并行重写，可以一次应用所有重写规则，而不是一次只应用一个。这种特性使得这些系统不太适合连续的数据，就像简单的旋律，并已被用于产生令人惊叹的视觉效果。当应用于音乐生成时，最常见的方法是将 L – Systems 生成的视觉数据映射到乐谱信息或安排一系列的音乐片段。

形式语法可以被看作是对概念空间的精确定义，然后在生成音乐时探索这个概念空间。从这个意义上说，改写规则的编写可以被视为转化性的创造力，但这通常是由人类而不是计算机来完成的。概念空间的探索可能的规则可以被视为元级的创造力，正如威金斯（Wiggins）显示，确实是一种转型的创造力，形式语法的编译需要仔细研究。

另一种相关的方法是转换网络：有限状态自动机，它可以像生成语法那样解析语言。转换网络应用于生成音乐系统的最显著例子是大卫·科普（David Cope）在音乐智能生成方面的试验。他的方法是使用模式匹配算法来分析"特征"，即定义被分析风格的短音乐序列，并决定何时以及如何使用这些特征。在分析阶段之后，收集到的信息被编码到一个转换网络中，然后使用该网络生成所分析的作曲家风格的新音乐。

5.1.2.3 基于规则的系统

音乐理论传统上描述了有助于指导作曲过程的规则。尽管作曲家经常打破这些规则，但从算法作曲的早期开始，这些规则就被用于实现音乐生成，就像组曲《伊利亚克》的前两个乐章。生成语法可以被看作是一个实现这样的规则，但系统通常无法从头生成音乐素材或者输入素材；有时甚至是随机产生一个起点，然后通过规则再细化生成素材。

规则可以通过多种方式实现，如作为最终验证步骤，或者细化中间结果。在音乐生成系统中实现规则的一种自然方法是使用约束编程，约束编程的声明性很适合描述音乐理论规则。在安德斯（Anders）和米兰达（Miranda）的作品中，可以发现使用约束规划来建立音乐理论模型的作品（不仅以生成为目标）。

音乐生成领域内最具影响力的研究人员埃布乔格鲁（Ebcioglu）第一次通

过规则约束实现第五种对位的 Lisp 程序规则，后来实现了一个自定义逻辑语言，用来创建模仿巴赫的合唱，使用了约 350 条旋律和和声规则。设计这样一个系统的困难在于明确编码足够多的规则的复杂性，其中许多规则在音乐学文献中通常没有正式的定义。另外，在添加更多规则以获得更好地适合所建模的风格的结果和为不同风格的音乐留出更少的约束之间存在权衡。

约束可以用来建模更抽象的特征，而不是明确的音乐理论规则。赫雷曼斯（Herremans）和周（Chew）定义了一种方法来描述音乐作品中的张力，该方法基于一种称为螺旋阵的音调几何模型。赫雷曼斯和伊莱恩·周（Elaine Chew）使用张力模型的机动式张力模式后能产生新音乐的一个输入，首先生成随机的音符，然后应用优化方法（特别是可变邻域搜索），改进其为了满足定义的约束选择张力模型。

规则与约束在创作过程中的整合可以从两个方面来看待：①将规则视为概念空间的边界和重塑；②将规则与约束视为概念空间探索的指导。无论如何，规则的使用都可以产生更有效的探索创造力，尽管它们可能会减少概念空间的大小（或限制探索区域），从而限制输出的多样性。

5.1.2.4　遗传/进化算法

遗传/进化算法背后的一般思想是：从一个问题的随机解决方案的群体开始，有可能组合这些解决方案以获得新的解决方案，并且通过选择更好的回答问题的解决方案，有可能越来越接近最优原问题的解决方案。因此，要通过遗传/进化算法解决一个问题，必须具备以下 3 个条件：

（1）作为起始种群产生随机但合适的解决方案的能力。

（2）一种解的"适应度"评估方法。

（3）变异和重组这些解决方案的能力。

在音乐生成领域，（1）和（3）肯定是可行的，但很难评估一个解决方案有多好，即使只是给问题下一个精确的定义也可能很难。尽管如此，遗传/进化算法经常被用于音乐生成系统。

最著名的应用遗传/进化算法的音乐生成系统是科尔斯（Biles）设计的 Gen Jam 爵士即兴演奏系统。该系统是为爵士乐即兴创作而设计的，演奏者与软件进行交互，预先制作的音乐基础和独奏都是通过进化演奏者刚刚听到的人类即兴创作而产生的。最初，适应度函数是通过让人类决定输出是好是坏来实现的，这种方法通常被称为"交互式遗传算法"。系统产生了瓶颈，因为需要大量的人工干预。一个连续的版本使用人工神经网络作为适应度函数，但它导致了不满意的结果。最后，作者决定完全消除适应度函数。交互式遗传算法基本上保留了变异和创作的能力，用于响应音乐输入的方式包含了人类的即兴创作不仅仅是单纯的复制，但由于没有更多的评价，Gen Jam 不再是遗传算法。

Gen Jam 系统通过一些最常见的适应度函数定义方法。另一种方法是使用音乐理论中的规则来设计适应度函数，这是彭－安努艾苏克（Phon－Amnuaisuk）等选择的方法。在这种情况下，目标是协调一个给定的旋律，而适应度函数包含了描述禁止和偏爱的音程和动作的和声规则；在这种情况下，使用遗传算法成为一种探索规则所描述的可能性空间的方法。事实上，彭－安努艾苏克和威金斯（Wiggins）发现，他们的这种方法被一个基于规则的系统所超越，该系统使用的是与适应度函数相同的一组规则。

遗传算法提供了许多其他形式的杂交，因为其他算法使用的表现形式可以遗传地进化。例如，可以进化语法规则，也可以进化马尔可夫链的参数或细胞自动机。我们已经提到，规则、神经网络和人类评估可以纳入遗传算法的适应度函数。值得一提的是，马尔可夫链也被用于同样的目的。马尔可夫链也可以产生初始种群，获得比随机更好的起点，可能会导致在较少代数的情况下收敛到好的解。

进化算法本身是一个探索性的过程。来自种群池的两个个体的组合是一个组合过程，但是适应度函数的使用将探索导向概念空间中有希望的区域，该区域由个体的遗传编码来限制和定义。

5.1.2.5　混沌/自相似算法

音乐作品表现出一定程度的自相似性，无论是在音乐结构上还是在频谱密度上，大致遵循 $1/f$ 分布，至少对于那些被认为听起来很好听的作品（相对于随机的作品）。

从这些考虑出发，分形和其他自相似系统已被用于生成音乐素材。这种系统的结果通常不被视为最终的输出，而是作为人类作曲家的灵感。另一种方法是生成自相似的结构，而不是直接生成自相似的旋律。利奇（Leach）和费奇（Fitch）生成了像勒达尔和杰肯道夫所描述的树结构，通过追踪混沌系统的轨道，并将计算值映射到树的不同层次。

另一种方法是使用细胞自动机，即由许多细胞组成的动态系统，其状态在离散时间使用一组转换规则进行更新。著名的例子包括康威（Conway）的

"Game of Life" 和沃尔夫勒姆（Wolfram）的 "A New Kind Science" 中研究的系统。和其他分形系统一样，细胞自动机倾向于产生不太令人愉快的旋律，通常需要进一步人类干预。CAMUS 是一个基于两种不同的细胞自动机的音乐生成系统，其细胞被映射到音符序列和不同的乐器中。之后的版本使用马尔可夫链来指定节奏，尽管努力创建一个完整的乐段，作者仍然承认结果不是很完美，但可以称为是有趣的。威金斯后来认为细胞自动机在声音合成方面比音乐生成方面更有效。

5.1.2.6　基于代理的系统

软件代理是一个具有感知和行动能力的自主软件。任何具有这种功能的软件都可以被视为一个代理，但是当多个代理在一个软件又称为多代理系统中协作时，这个定义就变得特别有趣。这不是音乐生成的特定算法，而是一种在研究人员中越来越受欢迎的元技术，正如塔塔（Tatar）和帕斯奎尔（Pasquier）证实的那样。

在音乐生成系统中使用代理可以很容易地模拟某些音乐行为。Voyager 使用 64 个玩家代理，根据作者编写的各种音高生成算法，根据他自己的口味，以及描述一般音色、节奏、音高范围和其他特征的行为模型来生成旋律，这些特征控制着乐曲的发展。这是一个乐队的模式，每个人都在即兴创作，但仍然遵循一些普遍的共识。路易斯（Lewis）曾与"旅行者"一起表演，包括录音和现场表演。在这种背景下，我们也可以将人类表演者视为系统的额外代理人。

柯克（Kirke）和米兰达（Miranda）引入了一个系统（后来被称为多智能体情感系统（Multi‐Agent Emotional Society，MAES））。每个代理都有特定的"情感"，并有能力通过对另一个代理"唱歌"来表达；另一个代理会受到歌手适应自己内心状态所表达的情绪的影响。此外，他们的内心状态也决定了听者是否会"喜欢"这首歌，并将其纳入自己的歌曲中。

进一步说，代理可以执行认知模型来调节他们与他人的互动。其中一个模型是信念—欲望—意图架构。如纳瓦罗（Navarro）等描述了一个以生成和声序列为目标的系统，其中两个特定的主体——作曲家和评价者，拥有基于音乐理论和欲望的信念（一个是创作，另一个是评价生成的作品）。意图由实现的算法来表示，以应用和验证形成他们的信念的理论规则，并受到两个角色之间的交流的影响。

由于代理使用的是一种元技术，而不是一种特定的算法，所以不可能从过程的角度来构建代理系统，但从个人和媒体的角度考虑是有用的。使用计算方法来给出"个性"对于获得与人类情感相关的结果很重要，这可能会使通过类似图灵的测试更容易。另外，其他个体的影响是人类创造力的一个重要因素，因此是一个有趣的研究方向。

5.1.2.7 深度学习/神经网络

近年来，越来越多的音乐生成项目是使用计算机利用深度学习网络架构来自动产生音乐。2012 年，深度学习架构在 Image Net 任务中的表现明显优于人工特征提取方法。从此，深入学习已经变得流行并逐渐发展成为一个快速增长的领域。作为一个活跃的研究领域，几十年来，音乐生成自然吸引了无数研究者的注意。目前，深度学习算法已经成为音乐生成领域的主流方法研究。

循环神经网络（RNN）是训练序列数据的有效模型，也是第一个用于音乐生成的神经网络结构。早在 1989 年，托德（Todd）第一次用 RNN 来创作单声道旋律。然而，由于梯度消失问题，RNN 很难存储关于序列的长时间信息。为了解决这个问题，霍克赖特（Hochreiter）等设计了一种特殊的 RNN 体系结构——长短时记忆神经网络（LSTM），以帮助网络记忆和检索序列中的信息。2002 年，埃克（Eck）等首次将 LSTM 运用于音乐创作，在一小段录音的基础上即兴创作出节奏良好、结构合理的蓝调音乐。布朗热（Boulanger）等在 2012 年提出了 RNN - RBM 模型，该模型在各种数据集上优于传统的复调音乐生成模型，但仍然难以捕捉具有长期依赖性的音乐结构。2016 年，Google Brain 的 Magenta 团队提出了 Melody RNN 模型，进一步提高了 RNN 学习长时程结构的能力。后来，哈杰雷斯（Hadjeres）等提出了预期 RNN 模型，允许执行用户定义的位置约束。约翰逊（Johnson）等提出了 TP - LSTM - NADE 和 BALSTM，使用一组并行的、加权递归网络来预测和合成复调音乐，同时保持数据集的平移不变性。

随着深度学习技术的不断发展，强大的 VAE、GAN 和 Transformer 等深度生成模型逐渐出现。由罗伯斯（Roberts）等提出的 Music VAE 模型是一种分层的 VAE 模型，这种模型能够捕捉复调音乐的长时程结构，具有卓越的插值和重构性能。贾（Jia）等提出了一种双耦合正则化隐变量模型来实现即兴伴奏生成。虽然 GAN 非常强大，但是它是出了名的难以训练，并且通常不适用于序列数据。然而，杨（Yang）等和董（Dong）等最近证明了基于 CNN 的 GAN

在音乐生成方面的能力。具体来说，杨等提出了一种基于 GAN 的 Midi Net 来生成一个又一个小节的旋律，并提出了一种新的条件机制来生成以和弦为约束条件的当前小节。董等提出的 Muse GAN 模型被认为是第一个能够产生多轨复调音乐的模型。于（Yu）等结合强化学习技术，首次成功地将基于 RNN 的 GAN 网络应用于音乐生成。最近，Transformer 模型在音乐生成方面显示出了巨大的潜力。黄（Huang）等首次成功地将 Transformer 应用于创作具有长时程结构的音乐。（Donahue）等提出利用 Transformer 生成多乐器轨音乐，并提出了基于迁移学习的预训练技术。黄（Huang）等提出了一种新的音乐表示方法 REMI，并利用语言模型 Transformer XL 作为序列模型生成流行音乐。

5.1.3　音乐生成的研究任务

5.1.3.1　旋律生成

旋律是一系列音高相同或不同的音符，由特定的音高变化规律和节奏关系组织而成。旋律生成通常使用单音数据，所以在每一步，模型只需要预测下一个时间点生成单个音符的概率。

受文语转换（TTS）中单位选择技术的启发，布雷坦（Bretan）等提出了一种使用单元选择和连接的音乐生成方法。这里的单位指的是可变长度的音乐片段。首先，开发一个深度自动编码器，实现单元选择，形成一个有限大小的单元库。其次，结合深层结构语义模型（DSSM）和长短时记忆神经网络（LSTM）形成一个生成模型来预测下一个单元。该系统只能用于生成单声道旋律，如果没有好的单元，单元选择可能表现不好，但是该系统优于基于叠加长短时记忆神经网络的音符级生成系统。

旋律生成最常用、最简单的模型是循环神经网络（RNN）。斯特姆（Sturm）使用以 ABC 为代表的音乐转录来训练长短时记忆神经网络产生音乐。训练可以是特征级（char – RNN）或令牌级（token 可以是多个特征）。谷歌大脑的 Magenta 项目提出的旋律 RNN 模型可能是符号领域旋律生成的最著名的例子，它包括一个名为 basic RNN 的基线模型和两个 RNN 模型变体 lookback RNN 和 attention RNN，旨在产生更长期的音乐结构。Lookback RNN 引入了自定义输入和标签，允许模型更容易地识别跨越 1～2 个小节的模式；attention RNN 使用注意力机制来访问以前的信息，而不将其存储在 RNN 单位状态，但是 RNN

只能从左到右顺序的生成音乐序列，这使得它们不能由用户自定义起始的生成位置。因此，哈杰雷斯（Hadjeres）等提出了一种新的预期 RNN 模型，它不仅具有基于 RNN 生成模型的优点，而且允许用户自定义起始的生成位置。同样为了解决从左到右的 RNN 模型采样的问题，还有一种是基于蒙特卡洛树搜索的音乐生成方法，但是这种方法在生成音乐序列时执行用户定义的约束的过程几乎简单地从左到右生成长一个数量级，这在实时设置中很难使用。

VAE、GAN 等生成模型被用于音乐创作，并与 CNN 和 RNN 联合衍生出各种变体。为了解决现有的递归 VAE 模型难以对具有长期结构的序列进行建模的问题，罗伯斯（Roberts）等提出了 Music VAE 模型。该模型使用分层解码器将编码器生成的隐变量发送到底层解码器，以生成每个子序列。这种结构鼓励模型利用隐变量编码，从而避免 VAE 模型的"后验崩溃"问题，并具有更好的采样、插值和重建性能。虽然 Music VAE 模型提高了对长期结构建模的能力，但该模型对序列施加了严格的限制：非鼓轨道仅限于单声道序列，所有轨道都由单个速度表示，每个小节都离散为 16 个时间步长。这对于建模长期结构是有益的，但代价是表现力不够。尽管 Music VAE 模型仍有许多缺点，但该模型为探索更具表现力和更完整的多轨道隐空间提供了强大的基础。后来，丁库列斯库（Dinculescu）等在音乐的隐空间上训练了一个较小的 VAE 模型，我们称为 Midi Me 模型，以学习编码隐向量的压缩表示，这允许我们仅从感兴趣的隐空间部分生成样本，而不必从头开始重新训练大型模型。Midi Me 模型的重建和生成质量取决于预先训练的 Music VAE 模型。

亚姆希科夫（Yamshchikov）等提出了一种新的基于 VAE 的单声道音乐算法作曲架构，称为历史支持的可变循环自动编码器（VARSH），它可以生成伪现场听觉愉悦和旋律多样的音乐。与经典的 VAE 不同，VRASH 将先前的输出作为附加输入，并将其称为历史输入。历史支持机制解决了离散序列中互信息下降缓慢的问题。与 Music VAE 不同，VRASH 专注于全轨道旋律的生成，在 Music VAE 中，网络生成短循环，然后以更长的模式将它们连接起来，并提供了控制旋律变化和规律性的可能性，从而考虑建模数据在生成过程中的连续属性。哈杰雷斯等提出了 GLSR - VAE 模型来控制隐空间中的数据嵌入。首先确定隐空间的几何结构，然后使用测地线潜在空间正则化（GLSR）方法来增加 VAE 损失。学习到的隐空间中的变化反映了数据属性的变化，因此提供了以连续方式调整生成的数据的属性的可能性。GLSR - VAE 模型是第一个专门针对连续数据属性的模型，然而，它需要对数据属性进行可微分的计算和对超参数进行仔细的微调。

传统的 GAN 在生成离散标识符方面存在局限性。其中一个主要原因是生成器的离散输出使得判别器的梯度更新难以传递到生成器；另一个原因是判别器只能评价整个序列。为了解决此问题，于（Yu）等提出了序列生成框架 Seq GAN。Seq GAN 利用强化学习中的随机策略建模数据生成器，同时通过更新策略梯度来回避生成器的分化问题。判别器对完整序列进行判断以获得强化学习奖励信号，并使用蒙特卡罗树搜索将强化学习奖励信号传回中间状态—动作步骤。尽管 Seq GAN 已经证明了它在几个序列生成任务（如文本和音乐）上的性能，但它存在模式崩溃的问题。后来，王（Wang）等提出 Senti GAN 模型，通过使用惩罚目标而不是基于奖励的损失函数来缓解模式崩溃的问题。雅克（Jacques）等还想出了将强化学习应用于音乐生成的任务。他们提出了一种新的顺序学习方法，将最大似然法和反向似然法训练结合起来，称为反向似然法调谐器，使用预先训练的循环神经网络（RNN）来提供部分奖励值，并通过优化一些强加的奖励函数来改进序列预测器。具体来说，交叉熵奖励被用于增强深度 Q 学习网络，并且从 KL 控制中为 RNN 导出了一种新的非策略方法，使得KL 散度可以直接从奖励 RNN 定义的策略中得到惩罚。这种方法主要依靠从数据中学到的信息，强化学习只是作为一种通过强加结构规则来细化输出特征的方式。尽管 Seq GAN 在 NMD 数据集上获得了改进的均方误差和 BLEU 分数，但尚不清楚这些分数如何与样本的主观质量相匹配。相反，强化学习调谐器提供的样本和定量结果表明，该方法改进了由奖励函数定义的度量。另外，强化学习调谐器还可以明确纠正 RNN 的不良行为，这在广泛的应用中是有用的。之后，雅克等进一步提出了上述模型的通用版本，称为序列指导（Sequence Tutor），用于序列生成任务，而不仅仅是音乐生成。

5.1.3.2　风格控制

融媒体的音视频内容制作很大程度上依赖于视频与音乐的风格匹配。近年来，国内外产业界致力于短视频内容的智能化制作，音乐作为情感的基本表达，在短视频效果呈现方面起到不可或缺的作用。针对音乐风格的控制，本研究将音乐规则表达成约束函数作为奖励值（reward）加入深度学习的风格控制网络中；利用深度强化学习的策略梯度算法和行动器—评判器算法（Actor - Critic），结合音乐信号特有的性质，设计智能作曲的风格控制模型，将该模型用于音乐风格的控制问题处理中。深度强化学习的核心算法是策略梯度算法。

这种方法用参数表示策略，且关于参数可微，通过梯度更新方法寻找最优策略参数，使得局部回报最大。行动器—评判器（Actor - Critic）算法用来计算当前策略的近似值函数，并对策略梯度进行评估，其中行动器（Actor）是近似策略，评判器（Critic）是近似值函数。行动器—评判器算法是由巴尔托（Barto）等在 1983 年提出的，而后开展了很多相关方法的研究。行动器—评判器算法通过策略梯度改进策略，以增加所得到的回报，这里策略梯度的评估是通过值函数来构造的。

为处理连续时间和空间的强化学习问题，多亚（Doya）等提出了一种连续行动器—评判器算法。2007 年，哈塞尔（Hasselt）等提出采用奖赏方式的连续行动器—评判器学习机制。同年，博纳里尼（Bonarini）等提出了基于行动器—评判器的序列蒙特卡洛学习算法。上述文献可总结出，行动器—评判器算法是强化学习持续动作的有效手段，其优点是：在连续动作空间中定义的策略，即选择持续动作的能力；在给定状态下，根据价值函数或显式策略可以快速确定最佳行动；同时平衡探索与利用，快速选择和执行行动；泛化能力体现在根据反馈调整动作概率的同时，还可以调整相关行动的选择概率。

近年来，基于深度强化学习的智能体在各类游戏中取得了令人瞩目的研究成果。尤其在规则控制方面，行动器—评判器算法为游戏的智能决策提供了新的解决思路。从二维完全信息单智能体游戏，到三维不完全信息多智能体游戏，行动器—评判器算法在这些游戏场景中都达到了人类玩家水平，并在围棋、星际争霸和刀塔 2（Dota2）等游戏中击败了顶尖职业选手。音乐生成问题可以看作是一个序列化的决策问题，在处理与奖励最大化相关的决策问题方面深度强化学习表现较好。于（Yu）等提出的 Seq GAN 利用强化学习中的随机策略建模数据生成器，同时通过更新策略梯度来解决生成对控网络（GAN）针对离散序列的生成模型更新问题。为生成特定风格的音乐，杰西（Jaques）等利用最大似然估计（MLE）结合引入两个基于值迭代的强化学习网络，既保留了数据的原始信息，又保证了样本的多样性和丰富性。行动器—评判器算法不仅具有强化学习的许多优点，而且比基于值迭代的算法具有更强的收敛性；同时，该算法不仅可以处理连续动作，还可以实现序列化决策问题的策略更新。所以，行为器—评判器算法优于传统的基于策略梯度的算法。在第 4 章中，我们提出基于行动器—评判器算法的音乐风格控制模型，通过学习音乐生成的策略，将音乐规则表达成约束函数作为奖励值的一部分，利用策略梯度算法在风格控制网络中不断地训练音乐样本，最终收敛于局部最优解来控制音乐的风格。

5.1.3.3　多乐器轨生成

近年来，对于人工智能作曲的研究重点放在应用复杂和多种融合的神经网络处理音乐生成来提升效果。针对音乐中多音轨的编曲生成，例如，朱（Chu）等提出了一种基于 RNN 的分层模型（HRNN），采用循环神经网络的分层生成多音轨音乐，低层网络生成鼓点，高层网络生成旋律。董等提出的 Muse GAN 在研究多轨序列式音乐生成和伴奏时先把音乐分为乐段、乐句、小节、节拍和像素 5 个层级，然后逐层进行生成，但数据预处理的工作过于烦琐，需要一定的音乐乐理知识和前期的标注工作。井（Jin）等借鉴强化学习的思想，提出基于 Actor – Critic 算法的 MCNN 模型。该模型将音乐风格规则作为奖励值，根据奖励值的大小更新策略，最后生成特定风格的音乐，但并没有在多乐器轨的融合方面有很多研究。

由于 RNN 不能很好地解决长期依赖性的问题，黄（Huang）等通过修改本用于文本翻译或文本续写的 Transformer 序列模型中的相对注意力机制，而生成具有音高、音长和音程结构一致的长达 1 min 的音乐片段。Transformer 模型最早是由谷歌团队提出的一种用于序列到序列的转换模型。Transformer 模型是一种自动回归序列转换器，目标是将输入序列转换为输出序列；同时一次只对一个单词进行预测，而将先前生成的单词用作附加输入。与大多数序列到序列（Seq2Seq）模型类似，Transformer 模型采用编码器—解码器的结构。但是，以前的模型通常在编码器和解码器中使用循环神经网络（如 LSTM），这种网络结构的不足之处是存在长时程依赖的问题和不能并行计算。为了提高并行计算效率和捕捉长时程依赖关系，Transformer 序列模型放弃了 RNN 的循环生成，使用自注意力模型建立一个全连接的网络结构，从而实现了完全基于前馈注意力机制的架构。

由于 Transformer 序列模型比 LSTM 模型在处理长时程依赖方面有更好的性能，一些研究人员认为 Transformer 序列模型是 LSTM 模型的替代品，因其在机器翻译等任务上的成就。然而，在自然语言处理的预训练过程中，Transformer 序列模型通常在后续任务中使用词向量，词向量是通过浅层网络在无监督的情况下训练的。Transformer 序列模型和 LSTM 模型虽然在词的层面上具有良好的特性，但实际上不能表达连续文本的内在联系和语言结构。在此背景下，OpenAI 的 GPT 预训练模型应运而生。GPT 预训练模型是基于 Transformer 序列模型的改进版本，称为 Transformer Decoder 模型，它放弃了编码器部分。因此，代替具有序列转换模型的源句子和目标句子，将单个句子提供给解码器。代替生成目标序列，将目标设置为标准语言建模，其中目标是在给定单词序列的情况下预测下一个单词。随着 GPT 模型的广泛应用，OpenAI 在 GPT 模型基础上提出了训练数据集更加庞大并可以无监督地做多样性的任务的 GPT – 2 模型。GPT – 2 模型的结构和 GPT 模型一样，GPT – 2 模型的核心思想就是可以用无监督的预训练模型去做有监督的任务。但是，GPT – 2 模型的二进制编码部分不适合我们的标记和排序，所以不考虑作为建模音乐生成的部分。

目前，基于 Transformer 序列模型是还没有应用于多轨音乐生成的模型，因此，本研究提出了一种基于 Transformer 架构的多音轨音乐生成（Multi Track Music Generation，MTMG）模型。该模型由数据预处理网络、学习网络及生成网络组成。首先 MTMG 模型将 MIDI 文件转换成文本，训练该模型；再经过学习网络学习乐器轨间的信息后，通过生成网络，预测我们需要生成的样本。该模型的核心是学习网络。学习网络主要由本研究提出的 cross – track Transformer 组成，把 Transformer 编码器中的 self – attention 部分改进为 cross – track attention，用于学习不同乐器轨之间的信息。由保留 Transformer 解码器结构的 GPT 构成生成网络，将 12 个 Transformer 子层进行堆叠，并通过语言建模优化和训练目标函数；当 cross – track Transformer 学习其他乐器轨的信息后，通过文本预测的方式生成序列；最后，结合音乐理论，我们提出了一些音乐的评价指标，对模型的结果进行了主观评价和客观评价。

5.2　音乐知识

5.2.1　乐理基础知识

5.2.1.1　音高

音高代表音符在乐谱中呈现的高低程度，由振动频率所决定，音高和振动频率成正比关系，振动频率随着音高增加而增加。我们需要区分音高和音量大小，音量指的是声音的强度或者动态。音乐的本质属性是音高，在一段时间内表达不同音高构成简单的音乐。音高是以国际五线谱为标准进行测量的，五线谱中的音高循环是指音名为 C、D、E、F、G、A、B 7 个相连的钢琴白键，唱名为 "do、re、mi、fa、so、la、si"，每完成一个循环音高就升高八度，用 C1、C2、C3……表示。音高升高八度相当于频率增加一倍。通常钢琴的中央 C 可表示为 C4，把中央区的 "la" 定义为标准音高，其频率为 440 Hz。

我们用国际上最常用十二平均律来描述音高。将一个八度内包括全音和半音的音阶平均分成以半音为单位的 12 等份，如表 5 - 1 所示。十二平均律是最主要的调音法，本书也是采用了十二平均律的记法作为音高的表征方法。

表 5 - 1　十二平均律记法

C	b2	D	b3	E	F	b5	G	b6	A	b7	B
do	#1	re	#2	mi	fa	#4	so	#5	la	#6	xi
1	2	3	4	5	6	7	8	9	10	11	12

5.2.1.2　旋律

旋律是由节拍、调式关系和节奏组合而成。作为音乐的基础和灵魂，旋律可分为器乐旋律和声乐旋律。声乐旋律指的是人声演唱，有较窄的音域，与人的声音音高和语音密切相关。器乐旋律指的是乐器演奏，乐器的种类繁多以及制作原理与工艺的进步，使器乐旋律的音域有了很宽泛的选择；速度与力度的变化也较大，更富于节奏性与技巧性。旋律是按一定的音高、时值和音量构成，是由具有逻辑因素的单声部进行的。旋律是构成声部的基础，只有先构成旋律，才能产生具有和声伴奏和节奏的多声部音乐，从而产生复合影响。

类似普通的语言，旋律是由一系列段落组成的，即一些相互关联、并不连贯的部分称为乐段。旋律中乐段之间的分割可分为休止符分段、停留音分段和重复节奏型分段。段落末尾的某些音符或和弦称为终止音。终止分为完全终止、不完全终止和半终止。其中，完全终止是指旋律在主三和弦的根音结束；不完全终止是指旋律在主和弦的三度音或五度音处结束；半终止是指旋律以不稳定的音高结束。以完全终止结尾并能表达完整音乐结构的段落称为乐段。乐句是乐段的主要组成部分。一般一个乐段包括两个乐句：第一句通常以半终止或不完全终止结束，第二句通常以完全终止结束。乐句也可以分为两个较小的乐节，乐节再往下称为动机，即旋律组成上的最小单位。

5.2.1.3 音程

音程是指音乐系统中两个音高之间的距离，"度"一般用来表示距离。钢琴键盘上的小二度表示为相邻两个音符之间的最小距离，例如 si 和 do。音程从物理意义的角度可解释为两个音高频率之间的比率。我们将旋律中相邻两个音高先后发声的连续音定义为旋律音程；将同时发声的连续音称为和声音程。通常音程可分为协和音程和不协和音程。纯四度、纯五度、纯八度以及大、小三度，大、小六度音程称为协和音程；而二度、七度音程和增、减音程称为不协和音程。一般认为，协和音程具有和谐、悦耳的特征，且拥有高度的艺术美学听感；而不协和音程则给人一种突兀、混乱的感觉，听起来音与音之间存在矛盾冲撞、错综复杂的无秩序感。音程乐谱如图 5-1 所示。

图 5-1　音程乐谱

5.2.1.4 和弦

和弦是两个或两个以上（通常是三个）音符叠加得到的音高组合，也就是说音乐的和弦是指同时发声的几个音符组合。和弦与旋律的关系是相辅相成的，旋律走向里透露着和弦关系，和弦里蕴含着旋律写法；和弦是对于一段音乐的丰满化，而旋律在听觉中往往起主导作用。最常见的和弦是大三和弦和小三和弦，如音高为"do、mi、so"的大三和弦及音高为"la、do、mi"的小三和弦。如表 5-2 所示。

表 5-2　和弦对照表

音名	C	D	E	F	G	A	B
唱名	1	2	3	4	5	6	7
音级名称	I	II	III	IV	V	VI	VII
音级名称	主音	上半音	中音	下属音	属音	下中音	导音
三和弦构成							
和弦名称	C	D_m	E_m	F	G	A_m	

5.2.1.5　和弦外音

和弦外音一般是指和弦结构变化后的和弦结构以外的音，它随着和弦的结构变化而变化。它同时与和弦结构中的声音相结合而产生。

1. 经过音

经过音通常是指按照半音或者全音从一个和弦音符到另一个和弦音符。

2. 邻音（辅助音）

邻音（或称辅助音）是一种非线性音，它是由直接在它上面或下面的和弦之间的二度关系派生而来的音。这些音符构成局部最小/最大和弦音符，高于或低于 a。

3. 持续音

持续音是由前一个和弦音继续到下一个不同的和弦而形成的和弦外音，这个音符包含多个不重复的和弦。

4. 先现音

下一个和弦的和弦音符在前一个和弦的同一声部提前出现，形成的外音称为先现音。先现音处于较弱的位置且持续时间较短，一般不会比前后的和弦音持续时间长。

5.2.1.6　和声进行

和声是指在乐谱中多个音符同时组合起来一起发出声音的过程。和声包括两种维度的关系：一种是和声的纵向关系（即和弦），是由 3 个或 3 个以上不同的音符堆叠在一个三度关系中构成的；另一种是和声的横向关系（即和声进行），也就是和弦的顺序连接。

调性音乐中和弦在一定和声范围内的连接称为和声进行。和声进行是从横向维度体现出和弦之间的相互关系，表现了和声的运动状态、功能联系与音响色彩。音乐的和声进行可以使音乐作品中的和声围绕这个调性中心向前发展，产生稳定或者不稳定的作用。在调式和声系统中，Ⅰ、Ⅳ、Ⅴ级三和弦由主音、下属音和属音组成，分别代表主和弦、下属和弦和属和弦，它们是调式中最重要的组成部分。这 3 种三和弦被称为正三和弦。和声进行在一定程度上反映了调式的声学特性。传统的音乐作品往往会先从稳定的状态走向不稳定的状态，然后导致更多不稳定的状态，最后又回到稳定的状态。

在歌曲创作中，和声进行可以影响情绪基调和旋律走向，如果和声进行遵循某些和弦进行，则通常歌曲听起来律动性更好。如图 5－2 所示，旋律中的每个时段都有相应的和声，而"E－Am－Dm－G"和"C－Am－Dm－G"是和声进行。

图 5－2　标记和弦进行的旋律乐谱

5.2.1.7　节奏节拍

1. 节奏

节奏虽然在音乐教学的基础理论中只有简略的描述，但是它在音乐演奏中却占据非常重要的地位。节奏可分为广义节奏和狭义节奏。广义节奏可以理解为音乐在编排、乐段、速度和时长等各个方面；狭义节奏是音乐理论中常用的一个基本概念，它表示音符和音符之间的长度关系，因此把音符的长度关系组织起来叫作节奏。在整首乐曲或部分乐曲中，典型的节奏称为节奏模式。节奏在音乐演奏中有着重要的意义，它可以解释某些类别的音乐，如华尔兹、协奏曲等。节奏的运用也很巧妙，例如，在音乐中使用一定的节奏重复，就可以有效地实现音乐结构的统一。

2. 节拍

节拍是在音乐中表示固定单位时值和强弱规律的组织形式。节拍是节奏的衡量单位，有一定强弱分明的一系列拍子周期性出现。以音符的时值来表示拍子的时值，可用二分音符、四分音符或八分音符表示一拍的时值。在作曲过程中，单靠节奏与节拍是不够的，它们需要与其他音乐元素相结合。

5.2.1.8　调性

调式是指以其中某一个音为中心的几个音高以某种关系连接在一起的若

干个音符构成的一个有机体。调式是人类在长期的音乐实践中创立的乐音组织结构形式。调式的性质、特点叫调性，调性由主音、下属音和属音的重要支持而形成。调性是调的主音和调式类别的总称，例如，以 A 为主音的大调式，其调性是"A 大调"。一个八度内的 12 个音各自能成为一个调的主音，如此将得到 12 个大调与 12 个小调，总共是 24 个调性。图 5 - 3 为调的五度循环图。

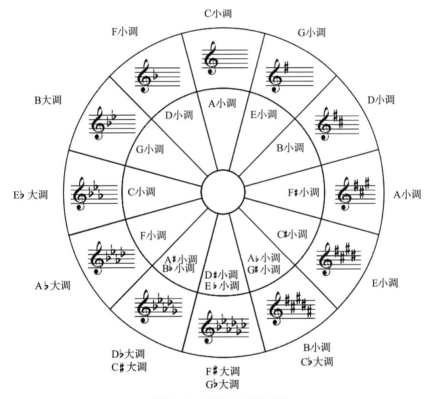

图 5 - 3　调的五度循环图

5.2.1.9　音乐结构

音乐作为一种高度抽象的艺术形式，按照一定的横向时间维度规则，将高音和低音在时间上以水平方向排列，可以被定义为是一种符合常规的创作方法。在理解了音乐的定义后，不难发现音乐具有一定的层次结构。音乐结构类似于文章结构，高层模块由以固定模式重复的低层模块组成。根据音结构的长短，一首音乐可以分为段落、乐句、小节、节拍和音符，如图 5 - 4 所示。

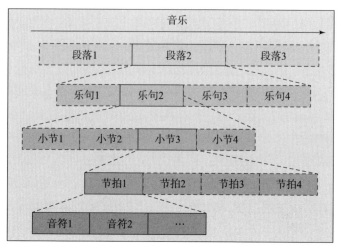

图 5 - 4   音乐的结构

音符是音乐的最小单位，一般来说，由承载不同信息的音符组成的一段音乐，其主要作用是不同音符长度记录的进行符号。现实中对音符的定义有很多，其中音符命名以全音、二分音、四分音、八分音、十六分音最为常见。音符是五线谱中最重要的组成部分，同时音符也具有音乐最基本的音高特征和时值特征等属性特征。

在一段音乐中节拍也扮演着重要的角色。节拍是指时间被划分为每个相等的单位时长，它是时间的基本单位。用音符的时间值来表示节拍的时间值，拍的时间值可以是一个二分音符、一个四分音符（即以四分音符为一拍）或一个八分音符。节拍的时间值是一个相对的时间概念，例如当规定的音乐节奏为每分钟 120 拍时，每拍所占用的时长为 1/2 秒，半拍为 1/4 秒。

小节是构成一个乐句和一个段落的基本单位。乐句由交替的小节组成，以一定的模式回放乐句，形成一个段落。一个段落是由许多不同的乐句组成的，通常是四个乐句或两个乐句。一般一个乐句由 4 小节组成。音乐节拍的表现总是在快拍和重拍之间交替进行，这种交替不能是任意排列、无序的，而是按照一定的规则形成最小的节拍组织。例如，若在两个强拍之间只有一个 3/4 拍的弱拍，那么其节拍可表示为强拍、弱拍、强拍；若在两个强拍之间有两个 4/4 拍的弱拍，则其节拍可表示为强拍、弱拍、次强拍和弱拍。

5.2.1.10　音乐数据的表现形式

1. 乐谱

乐谱往往是音乐在创作过程中的第一个表现形式。以图 5 - 5 为例，节拍号、速度记号和音符的时值共同决定了该段音乐的节奏信息。谱号以及音符与谱线的相对位置决定了该段音乐的音高信息。强弱记号和音型记号决定了演奏该段音乐的动态信息。提取乐谱中的特征是光学音乐识别的核心任务。自动提取乐谱特征，对于音乐内容检索、分析以及乐谱的数字化编辑十分重要。现有的 OMR 流水线大多从基于机器学习的目标分割与检测角度出发，进行谱线移除、符号分割以及符号识别，识别获得的结果在音乐标记重建过程中结合上下文被赋予音乐意义，在最后的表现生成阶段被写入 MIDI 文件或 MusicXML 文件。表现控制信息是连接乐谱与音频信号的桥梁，是将乐谱渲染为音频的方式。表现信息含有每个音符的音高（pitch）、开始时间（onset）、持续时（duration）、演奏力度（velocity）、乐器类别（instrument type）等。

图 5 - 5　音乐的五线谱表现形式

2. MIDI

20 世纪 80 年代初为解决电声乐器之间的通信问题，提出了一种通信标准的数字音乐形式——MIDI，全称为乐器数字接口，然后逐渐发展成为一种音乐标准格式。MIDI 通过数字控制信号来记录音乐，不含有任何音频信号，因此对于一首含有十余条音轨的歌曲，其 MIDI 文件大小只有几十 kB。MIDI 将乐谱中的信息编码为计算机可以读取的 MIDI messages，告诉计算机和合成器要演奏哪些音符，以及何时以何种力度演奏它们。查内塔基斯（Tzanetakis）等利用 MIDI 音乐的统计学特征，发现不同风格的音乐在音高直方图上存在一定差异，通过计算音高直方图，并转换为四维特征向量，进行音乐风格分类。随着深度学习技术在自然语言处理领域的广泛使用，在机器翻译、文本续写等任务上广泛采用的 RNN、LSTM、Transformer 等序列模型，也被应用到对 MIDI 音乐的建模，例如 performance RNN 模型构建 MIDI 事件序列，利用基于 LSTM 结构的 RNN 模型，同时对生成音高和演奏力度进行建模，生成带有动态信息的 MIDI

音乐。

3. 钢琴卷帘

MIDI 音乐特有的钢琴卷帘（Pianoroll）表现形式，也是音乐特征的重要载体。如图 5 - 6 中呈现的钢琴卷帘，横轴表示时间维度，纵轴表示音高维度，横向的参考线是音高线，纵向的参考线是小节线。钢琴卷帘将 MIDI 音乐编码为二维矩阵，因此可以类比二维图像的方法进行特征提取。例如由布伦纳（Brunner）等提出的 Cycle GAN 模型、MIDI - VAE 模型都采用钢琴卷帘作为输入数据的表现形式，基于卷积神经网络（CNN）的方法进行建模。

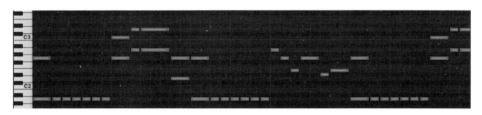

图 5 - 6　音乐的钢琴卷帘表现形式

4. 音频信号

音频信号往往是整条音乐创作流水线的末端表现形式。人们日常听到的音乐均属于音频的范畴。例如，音乐制作过程中最常用的未压缩无损波形音频文件（WAV），以及体积小、便于传输的压缩有损 MP3 文件。这些音乐文件的本质都是音频。在音乐信息检索（Music Information Retrieval，MIR）以及音乐风格迁移任务中，提取音频特征往往依赖于音频信号的两种形式：波形和频谱。音频信号中含有的音色、响度以及不同频率的强度分布等信息，是其他表现形式所不具备的。

波形音乐是人们能听到的声乐，它通常记录人类的声音和乐器的声音，波形音乐是相对丰富和愉快动听的。数字音乐包含许多音乐特征，如音高、时长和曲调等，是一种乐谱的记录。波形数据是一种模拟信号，很容易在处理和生成阶段导致大量的失真，从而影响试验的结果。数字数据是一个相对准确的记录音乐的特征表现，方便本文的音乐特征提取。本文使用的数据类型是 MIDI 格式，通过 Python 工具包中的 Pretty - Midi 和 Music21，直接获取 MIDI 音乐曲目上的所有音符信息，以数字形式表达并进行数据预处理，极大地方便了本文后续工作的研究。

5. 序列

音乐可以表示为由一些音符符号组成的序列，音乐是音高、音程和节奏的组合。音高和节奏是音乐的基本信息，音程是一个区分音乐特征的重要指标，尤其是音乐的风格。音乐片段的序列表示如图 5 – 7 所示。

图 5 – 7　音乐的序列表示

（1）音高序列 P：是由音高组成的音高标识符（token）序列，代表音乐的旋律，休止符被分配了一个特殊的标识符。

（2）音程序列 I：是由音高推导的音程标识符序列。每个音程标识符表示为下一个音高和当前音高之间的半音音高差。

（3）节奏序列 R：是由节拍组成的持续时间标识符序列。均分一个四分音符的时值为 480 等分，每一等分叫作刻度（Tick）。例如八分音符的时值就为240 刻度，以此类推。综上所述，我们可以用小节、节拍和刻度来表示节奏。

5.2.2　音乐知识规则

5.2.2.1　知识规则系统

早期的算法作曲系统大多是基于知识规则的。音乐的知识规则的数学表达涉及如何建立音乐的表层结构和音乐深层逻辑的对应关系。不同的作曲家根据音乐的知识规则创作乐曲时有不同的策略。由于不同的规则表达框架各有优缺点，所以不存在一个"完美"的统一表达法。例如，在以调性、传统和声为基础的主调音乐的多声部创作系统中，将音乐规则表示成数学公式化的形式，以使系统变得更为有效。这些音乐规则的集合包括两大类：①定义作曲家风格的规则；②音乐理论推导出的一般规则。虽然不同的作曲家使用相同的基本音乐理论，然后推导出普适性的作曲规则，但是他们创作出来的音乐风格也是不尽相同的。因此，我们在一个作曲系统中建立一系列创作旋律的知识规则的集合，由计算机生成的每一条旋律都需要通过一个给定的知识规则的集合而产生。

知识规则系统可以将知识编码成一些数学表达输入计算机中，但是如果试图模仿基于作曲家创作音乐时所使用的所有作曲规则与技法，将其提炼出来表示成知识规则，则是非常困难的。因此，本章选取了一些主要的音乐知识规则，从调式音阶、旋律评估、和弦预测、和声进行、节奏、风格方面推导音乐规则的数学表达，并将其作为奖励函数加到强化学习网络中，通过策略更新生成音乐。

5.2.2.2 音乐规则的数学表达

1. 调式音阶

虽然人们很早就发现了弦长与弦振动频率、音高的关系，并通过数学方程式表达出来，但这种方法显然不适用于计算机做算法输入。因此，我们需要新的方法和数学模型表示音阶和调式。

音阶可以用整数序列编码。本文只研究十二平均律下的音乐系统。在该系统中，一组序列的每个项就是音阶中连续音符的半音数，称为音乐尺度。例如，用二进制字母 A（〇，●）表示一组自然 C 大调可表示为 {〇●，〇●，〇，〇●，〇●，〇●，〇}，对应整数序列可表示为（2，2，1，2，2，2，1）；它的关系小调表示为 {〇●，〇，〇●，〇●，〇，〇●，〇●}，对应整数序列为（2，1，2，2，1，2，2）。那么，在正整数类 $C(C = \overset{\infty}{\underset{k=0}{\cup}} N_{>0}^k)$ 中，其中的元素 $C_n(C_n \subset C)$ 表示一组尺度，且 $C_n = 2^{n-1}$，这与音阶的二进制表达一致。因此，所有音阶的普通生成函数可以表达为

$$C(z) = \sum_{n=0}^{\infty} C_n z^n = \frac{1-z}{1-2z} \tag{5-1}$$

更进一步，对于正整数的任意子集 $K \subseteq N_{>0}$，所有具有 K 中求和的整数类 $C^K \subseteq C$ 具有生成函数，即

$$C^K(z) = \sum_{n=0}^{\infty} C_n^K z^n = \frac{1}{1 - \sum_{k \in K} z^k} \tag{5-2}$$

式中，$C_n^K = C^K \cap C_n$。因为音阶序列是有限长度的，因此我们再引入长度参数 u，最后生成音阶表示的二元函数，即

$$C^K(z,u) = \sum_{n,m \geqslant 0} C_{n,m}^K z^n u^m = \frac{1}{1 - u \sum_{k \in K} z^k} \tag{5-3}$$

式中，m 为一组音乐尺度的长度。

2. 旋律评估

旋律是音乐中最重要的表现手段之一，从一般的意义上来说，音乐离开了旋律是不可能存在的。旋律作为一种音乐表达的手段，不同的音程及和声进行方向，由此形成不同类型的旋律，有着不同的风格，因此，分析旋律特征很有价值。在描述音乐风格时，对于旋律的处理，其基本思路是通过一些函数来描述短时间片段上音高的分布，然后利用该函数计算一组描述音乐风格的特征。通常使用两种形式的音高分布函数：①折叠形式；②非折叠形式。非折叠形式包含了整个曲目的音程信息；而折叠形式将音高映射到一个八度音程内，从而给出曲目的和声内容信息。在对旋律特征进行评估时，我们给出非 MIDI 格式下的测定方法，采用非折叠形式。

针对非 MIDI 格式的测量，我们通过人耳感知旋律的一些特征给出 3 种不同的旋律特征参数。我们给出音符、休止和旋律的数学定义：①给定音符标识 $N = (P, d)$，它有两个基本分量——相对音高 P 和相对持续时间 D。②休止标识 E 只有持续时间分量，所以我们用 d_E 来表示它的持续时间。③一组单音旋律可表示为 $M = K_1, K_2, K_3, \cdots, K_n$，其中 K 是音符 N 或休止标识 E。

在听一首歌或一段旋律时，人耳很容易感知两段旋律的整体音高是高昂的还是低沉的。为了定量测量这种主观感知，我们引入一种参数 MCG（Melody Center of Gravity）。对于一段没有休止的连续旋律 $M = N_1, N_2, N_3, \cdots, N_n$，其中 $N_i = (P_i, d_i)$，旋律长度为 n，那么

$$\mathrm{MCG}_M = \frac{\sum_{i=1}^{n} d_i P_i}{\sum_{i=1}^{n} d_i} \tag{5-4}$$

其中相对音高可以采用简单的半音音程差，也可以调整旋律中强弱音的权重，持续时间则采用简单的拍数关系。

除去整体音高感受外，人们在听一段旋律时很容易评价这段旋律的起伏性，即相邻音符时间的跳跃程度。为了描述这种感受，我们引入参数 LMD（Local Melody Dynamic），定量表示相邻音符的跳跃程度，进而推演到整条旋律。由于音符 N 有音高和持续时间两个分量，因此在考虑两个音符之间的变化时，我们可以从向量角度定义，给定两个连续音符 N_1, N_2，那么

$$\mathrm{LMD}(N_1, N_2) = \cos(N_1, N_2) = \frac{(N_1, N_2)}{|N_1| |N_2|} \tag{5-5}$$

其中,

$$(N_1, N_2) = P_1 P_2 + d_1 d_2 \qquad (5-6)$$

$$|N_i| = \sqrt{\langle N_i, N_i \rangle} \qquad (5-7)$$

然后,我们通过式 2-5 作出整个句子的旋律动态序列 GMD(Global Melody Dynamic),给定一个无休止单音旋律 $M = N_1, N_2, \cdots, N_n$,设

$$\Delta M = (\text{LMD}(N_1, N_2), \text{LMD}(N_2, N_3) \cdots \text{LMD}(N_{n-1}, N_n)) \qquad (5-8)$$

那么 M 的整体旋律动态可以近似计算为

$$\text{GMD}_M = \frac{|\Delta M|}{n-1} \qquad (5-9)$$

式中,$|\Delta M|$ 为序列中每一项求和的绝对值。

由于旋律离不开音高和节奏双重要素,因此上述指标也是将两者统一加权计算;若要仔细探究一段旋律音高的表现力或节奏的紧张程度,就需要单独分开做定量计算。探究节奏的数学模型我们将在本章展示。现在我们简单定义音高的动态范围 MDR(Melody Dynamic Range):给定一个单声部旋律 $M = K_1$,$K_2, \cdots, K_n$,式中,K_i 为音符 N 或休止 E。那么,旋律的音高动态范围为

$$\text{MDR}(M) = \max_{P \in P(M)} P - \min_{P' \in P(M)} P' \qquad (5-10)$$

式中,P 是从旋律中提取的音高,该指标表示了一段旋律在人耳感受下的张力。

3. 和弦预测

和弦是音乐理论中的一个概念,是指一组具有一定音程关系的声音。3 个或者 3 个以上的音符在纵向上根据三度或非三度的叠加关系组合成和弦。本文只研究基本的三和弦,不包括大小增减和弦。一般深度学习模型中的基本思想是通过输入旋律来预测生成模型中的和弦进行,再使用预测出的和弦进行作为筛选样本产生新的旋律。本节根据已有的利用旋律预测和弦序列的模型(旋律协调模型),给出 5 种不同的模型需要的数学公式。这些模型可以有效产生正确的、符合乐理规则的和谐和弦序列。旋律协调模型是将 T 条旋律输入模型,对应输出预测的和弦序列。弦序列定义为一系列和弦标签 $Y = y_1, y_2, y_3, \cdots, y_M$;$M$ 为和弦序列长度;$M = 2T$,即对每半个小节的旋律做一个和弦标签(以 4/4 拍为例)。

现在常用的预测模型有 4 种类型:①基于模板匹配的模型;②基于 HMM(隐式马尔可夫)的模型;③基于遗传算法的模型;④基于深度 BiLSTM 的模型。下面分别介绍这几种模型。

(1)基于模板匹配的模型:将每半个小节的旋律构造一个音高配置文件,

根据音高轮廓找出匹配度最高的和弦模板作为标签。当有多个模板匹配度一样高时，就随机选择一个和弦。

　　这里的模板使用音级轮廓特征（pitch class profile，PCP）音高等级剖面，它是一种折叠式的关系，即只考虑一个八度内的关系，跨八度的音等同，因此一共有 12 个半音。即旋律表示为 $x \in [0,1]$，同时考虑到旋律的节奏（音符持续时间），有 $x_k \in [0,1]$，按照每条旋律中音符的时间比设置。

　　通过配置旋律 PCP，和已有和弦标签的模型匹配，就能找出匹配性最高的和弦标签。但是这种模型存在一定局限性，它没有考虑到相邻的和弦之间的和谐性以及随着时间推移和弦分部的情况。

　　（2）基于 HMM 的模型：由于该模型的模板匹配只能对应旋律和和弦的关系，无法在相邻和弦之间产生联系，因此提出了基于隐马尔可夫链的模型，找出第一节旋律隐藏的和弦标签，并根据上一个和弦标签推测下一个和弦标签。这里的预测公式使用最大后验概率和维特比算法：

$$\hat{Y} = \underset{Y}{\arg\max} P(Y|X) = \underset{Y}{\arg\max} P(X|Y)P(Y) = \underset{Y}{\arg\max} \prod_{m=1}^{M} P(x_m|y_m)P(y_m|y_{m-1}) \tag{5-11}$$

式中：$P(x_m|y_m)$ 为发射概率，表示旋律 x 只由和弦 y 决定，采用多元高斯分布计算；$P(y_m|y_{m-1})$ 为过渡概率，表示当前和弦仅由上一和弦决定，采用 2 - bigram 算法，同时将 $P(y_m)$ 做插值平滑运算，因此过渡概率为

$$P'(y_m|y_{m-1}) = (1-\beta)P(y_m) + \beta P(y_m|y_{m-1}) \tag{5-12}$$

　　（3）基于遗传算法的模型：该模型使用适应度函数预测和弦序列。适应度函数有 4 个不同的参数，可以根据需要自行选择参数权重。4 个参数分别是：

　　①给定旋律所配和弦的条件概率：

$$F_1(X,Y) = \sum_{n=1}^{N} \log P(y_{\lceil n/8 \rceil}|x_n) \tag{5-13}$$

　　②和弦的跃迁概率：

$$F_2(Y) = \sum_{m=3}^{M} \log P(y_m|y_{m-2}, y_{m-1}) \tag{5-14}$$

　　③和弦可能出现的时间位置：

$$F_3(Y) = \sum_{m=1}^{M} \log P(y_m|Pos_m) \tag{5-15}$$

式中，$Pos_m = \mod(m,8)$。

④评估熵在给定旋律的可能性：首先给出熵值评价和弦序列的复杂性，即

$$E(Y) = - \sum_{c_i \in C} P(Y = c_i) \log P(Y = c_i) \tag{5-16}$$

则 $F_4(Y) = \log P(E = E(Y))$。因此复杂度函数为

$$F(Y) = \omega_1 F_1(X, Y) + \omega_2 F_2(Y) + \omega_3 F_3(Y) + \omega_4 F_4(Y) \tag{5-17}$$

（4）基于深度 BiLSTM 的模型：在训练模型阶段，模型根据给定旋律生成一段和弦标签。为了测试预测和弦的正确性，我们提出了熵损失函数的概念，即

$$\begin{aligned}
L_* &= L_{\text{chord}} + \gamma L_{\text{function}} \\
&= H(\hat{Y}_{\text{chord}}, Y_{\text{chord}}) + \gamma H(\hat{Y}_{\text{function}}, Y_{\text{function}}) \\
&= H(f(X), Y_{\text{chord}}) + \gamma H(g(X), Y_{\text{function}}) \tag{5-18}
\end{aligned}$$

该函数有两个分支：$f(\cdot)$ 表示和弦预测函数分支；$g(\cdot)$ 表示和弦评估函数分支。在具体测试工作中可以根据需要改变两个参数的权重。同样，在对和弦进行预测时，改变两个参数的配重，可以对和弦进行不同结果的预测，预测公式为

$$\hat{Y} = \underset{\hat{y}_1, \hat{y}_2, \dots \hat{y}_m}{\arg\max} \prod_{m=1}^{M} (P(y_m = f(x_m))) * \alpha_m P(y_m = h(g(x_m))) \tag{5-19}$$

4. 和声进行

和声是指音乐中同时出现的音高和和弦，而旋律是指相继出现的音高事件。和声和旋律分别被称为音乐的纵向元素和横向元素。

通常，音乐家都是通过旋律和和声分析来研究音乐结构的。在描述音乐风格时，分析旋律和和声很有价值。其基本思路是通过一个函数来描述短时间片段上音高的分布；然后利用该函数计算一组描述音乐风格的特征，包括音高分布函数主要极值点的幅度和位置、极值点之间的间隔，检测函数的和以及可能的音高分布函数的统计量。

通过深度学习模型作出的和弦序列，需要进行和谐性评估。同时针对一段由旋律和和弦构成的音乐，需要纵向比较它们之间的和谐性。针对预测的和弦序列，我们给出以下 3 个测量指标：弦直方图熵、弦覆盖范围、弦调距离。

（1）弦直方图熵：根据输出的和弦序列，以总概率为 1 作出弦出现的直方图并计算其熵，熵越大表明和弦种类越多，分布越平均。熵值运算公式为

$$H_{\text{CHE}} = - \sum_{i=1}^{|C|} p_i \log p_i \tag{5-20}$$

（2）弦覆盖范围：弦序列直方图中具有非零计数的弦标记数，表明该弦序列的丰富度。

（3）弦调距离：将相邻两个和弦的 PCP 特征投射到三维空间并计算欧式距离，并计算整体的平均值，计算结果越大，弦跳动幅度越大。平均距离公式为

$$d_{\text{CTD}} = \text{sqrt}((a_1 - a_2)^2 + (b_1 - b_2)^2 + (c_1 - c_2)^2) \qquad (5-21)$$

针对音乐整体和谐性，即旋律和和弦之间的评估，相应地提出以下 3 个测量指标：弦音与非弦音比、音准分数、旋律音调距离。由于和弦与旋律音符个数不一定一致，所以必要时只考虑弦音即可。

（1）弦音与非弦音比（CTnCTR）：比较输入旋律中弦音与非弦音音符个数比，得到输出弦序列与给定旋律的和谐性高低。弦音与非弦音比计算公式为

$$\text{CT}n\text{CTR} = \frac{n_c + n_p}{n_c + n_n} \qquad (5-22)$$

式中：n_c 为和弦音个数；n_n 为非和弦音个数；n_p 为比和弦音高两个半音的音符个数。

（2）音准分数（PCS）：通过计算旋律音符与和弦音符的音高距离的平均分数评估和谐性。当旋律音符与和弦音符音高差距为 3/5/6 个半音，认为是较和谐的，分数记为 1，没有音差时记为 4；其余认为是不和谐的，分数记为 -1。音准分数越高，旋律与和弦和谐性越强。音准分数计算公式为

$$\text{PCS} = \text{sum}(p_1 + p_2 + \cdots + p_n) \qquad (5-23)$$

（3）旋律音调距离（MCTD）：将旋律音符的向量与和弦向量计算欧式距离。旋律音调距离计算公式为

$$d_{\text{MCTD}} = \text{sqrt}((a_{\text{chord}} - a_{\text{rhythm}})^2 + (b_{\text{chord}} - b_{\text{rhythm}})^2 + (c_{\text{chord}} - c_{\text{rhythm}})^2)$$
$$(5-24)$$

5. 节奏

节奏包含很多种定义，所以经常被误解。我们给出节奏的定义是：在一段音乐中，每个音符（相对于其他音符）存在的时间；或者定义为：不同时间值的特定音符或休止符之间的比例关系。例如，四分音符和二分音符的关系，或者说八分音符的休止符和十六分音符的休止符之间的关系。

节奏多指音乐时间上的规律性。事实上，能够观察到的音乐的规律性是节奏的显著特征，人们很容易区分音乐是否有节奏。一般节奏可以用于描述音乐

时间方面的特征。当区分摇滚音乐与节奏更复杂的拉丁音乐时，节奏应该作为音乐的一个特征维度。

节奏可以对应时间序列，单旋律的节奏特征可以直接通过对时间序列的分析描述。在一些文献中，人们使用成对变异指数 PVI（Pairwise Variability Index）或归一化成对变异指数 nPVI 描述这种时间序列的变化特征。给定节奏对应的时间序列 $(d_1, d_2, d_3, \cdots, d_n)$ 的 nPVI 为

$$n\text{PVI} = \frac{100}{n-1} \sum_{i=1}^{n-1} \left| \frac{d_i - d_{i+1}}{(d_i + d_{i+1})/2} \right| \qquad (5-25)$$

在此基础上对 PVI 定义进行扩展，以适应前面文中对旋律评估的 LMD 和 GMD 对于给定的单音旋律 $M = K_1, K_2, K_3, \cdots, K_n$，$K$ 表示音符或休止；然后我们使用 $R(M) = d_1, d_2, d_3, \cdots, d_n$ 表示节奏，d_i 表示音符持续时间，M 意味着休止。令 $\Delta^{(1)} R(M) = (d'_1, d'_2, \cdots, d'_{n-1})$，式中 $d'_i = \left| 2(d_{i+1} - d)/(d_{i+1} + d_i) \right|$，$\Delta^{(1)} R(M)$ 可以称作 PV 序列。则扩展后的 PVI 公式为

$$n\text{PVI} = 100 \frac{\| \Delta^{(1)} R(M) \|}{| \Delta^{(1)} R(M) |} \qquad (5-26)$$

但是经过扩展后的公式依然不能准确描述节奏特征，比如假使我们只改变节奏顺序，那么该公式得出的结果是不变的。所以我们需要再次改变公式，使得结果能够展示节奏本身的独特性。我们给出了节奏动态 RD（Rhythm Dynamic）的数学定义，令

$$\Delta^{(2)} R(M) = \Delta^{(1)} \Delta^{(1)} R(M) = (d''_1, d''_2, \cdots, d''_n) \qquad (5-27)$$

式中，$d''_i = \left| \frac{d'_{i+1} - d'_i}{(d'_{i+1} + d'_i)/2} \right|$，$n > 2$，那么节奏动态 RD 为

$$\text{RD}(M) = \| \Delta^2 R(M) \| \qquad (5-28)$$

归一化之后得到规范化节奏动态公式为

$$n\text{RD}(M) = \frac{\text{RD}(M)}{|M| - 2} \qquad (5-29)$$

6. 风格

音乐风格（或称流派）是指一个时期、一种流派在音乐美学思想与创作手法上表现出来的综合性特征，它包括作曲家的风格、音乐流派的风格和音乐作品的风格。

音乐作品的风格代表着作曲家的个性表达、生活阅历、社会因素、审美观念、创作天赋等在作品中以独特的、个性化的、稳定的方式展现出来风格是各

种音乐要素旋律、节奏、和声、织体、曲式、音色和力度等有个性的组织方式，以及这些要素有机结合所产生出来的独特音响。

作曲家的风格是音乐创作者性格气质、思想表达、时代背景、社会风气、创作特征的集中表现。

作曲家的风格是大多数人能直观感知到的音乐特性。我们可以通过收集某一作曲家或者代表某一时代风格的作品来训练一个神经网络，受训后的神经网络可以生成类似风格的旋律。问题是风格规则没有定义，神经网络很难学到某一种风格的特点，生成音乐的效果一般。因此，需要建立一个表征不同创作风格的作曲规则库，通过对作曲家的音乐风格进行建模，从而推导出生成特定作曲家风格的规则，进而有效区分不同的作曲家风格。

本文采用 N-grams 语言模型为作曲家的音乐风格建模。首先要对音乐数据进行编码，例如，对和弦信息和旋律信息编码。旋律编码方法如下所述。连续音符的音程和起始持续时间之间的比值 IOR 分别计算如下：

$$I_i = Pitch_{i+1} - Pitch_i \qquad (5-30)$$

$$R_i = \frac{Onset_{i+2} - Onset_{i+1}}{Onset_{i+1} - Onset_i} \qquad (5-31)$$

然后，将这些数值映射成 ASCII 编码，从而将旋律转换成文本序列，作为语言模型的输入。使用这种编码的两种变换形式为：第一种是耦合，是对节距和两个连续的音符一起作为一个单独词间的符号进行编码（耦合）；第二种是解耦，这些符号被分为两个不同的词。

语言模型是一个概率分布，为单词序列分配联合概率 $P(\omega_1, \omega_2, \cdots, \omega_k)$，序列中的每个词的概率是一个取决于上下文的条件概率 $P(\omega_i \mid \omega_1, \omega_2, \cdots, \omega_{i-1})$。在处理长序列时，这个模型的效率比较低，这就是语言模型通常采用 N-grams 模型近似的原因。一个 N-grams 元组是含有 n 个单词的序列，并以前 $n-1$ 个单词作为上下文，因此，给定上下文后，一个单词的概率可估计为 $P(\omega_i \mid \omega_{i-n+1}, \cdots, \omega_{i-1})$。

为了利用 N-grams 模型确定作曲家的风格，为数据集中的每个作曲家构建不同的语言模型。数据集中的每一个序列即歌曲，都可以分解成固定长度为 n 的 N-grams。接着，用给定上下文的最后一个单词的概率作为每个 N-grams 的概率。对于给定的数据集，利用 N-grams 出现次数除以上下文出现的次数可以计算这个概率，这个概率为

$$P(\omega_i \mid \omega_{i-n+1}, \cdots, \omega_{i-1}) = \frac{N(\omega_{i-n+1}, \cdots, \omega_i)}{N(\omega_{i-n+1}, \cdots, \omega_{i-1})} \qquad (5-32)$$

一旦为每个作曲家构建好一个语言模型，由模型 C 生成一个新音乐片段的概率为

$$P_c(\omega) = \prod_{i=1}^{k} P_c(\omega_i \mid \omega_{i-n+1}, \cdots, \omega_{i-1}) \qquad (5-33)$$

5.3　旋律生成

5.3.1　蒙特卡洛树搜索算法

5.3.1.1　蒙特卡洛树搜索算法描述

蒙特卡洛树搜索（Monte Carlo Tree Search，MCTS）算法是最近的决策时间规划的成功示例。从根本上讲，蒙特卡洛树搜索算法是一种预演算法，通过累积蒙特卡洛模拟得到的价值估计以便将模拟轨迹引向更高奖励的轨迹。蒙特卡洛树搜索算法在很大程度上促进了计算机围棋的改进：从 2005 年的业余爱好者水平上升到 2015 年的大师水平（6 段及以上）。从这一基本算法发展出了很多变体，对于 2016 年阿尔法围棋（Alpha Go）对阵，18 届世界围棋冠军所取得的令人震惊的胜利是至关重要的。事实证明，蒙特卡洛树搜索算法在各种高难度的任务中都很有效，不限于围棋、游戏，如果存在一个足够简单的可以进行快速多步模拟的环境模型，则对于单智能体序列决策问题可能会非常有效。

在遇到每个新状态后，蒙特卡洛树搜索算法首先选择在该状态下智能体产生的动作，然后执行这个状态中的动作，以选择下一个状态的动作，以此类推。蒙特卡洛树搜索算法每次执行动作都是一个迭代的过程，这个过程与预演算法相同，它模拟的是从当前状态运行到最终状态（或运行到步数足够多，以至于折扣系数使任何一步的奖励对回报值的贡献小到可以忽略不计）的轨迹。蒙特卡洛树搜索算法的核心思想是最佳有限搜索和蒙特卡洛估值的结合，对从当前状态开始的多个模拟轨迹不断地聚焦和选择，这是通过扩展模拟轨迹的初始部分来实现的，在这部分可以获得更高的估计值，而这些估计值是从早期的模拟样本中计算出来的。蒙特卡洛树搜索算法不需要从一个动作选择到下一个动作保留一个近似的值函数或策略。然而，在许多实现过程中，蒙特卡洛树搜

索算法还保留了选定的动作价值，这个值可能对执行下一个动作有用。

模拟轨迹中的动作大多数情况下是根据当前策略的分布来更新，这些策略通常被称为预演策略。预演策略是基于蒙特卡洛树搜索算法控制的、通过模拟轨迹进行采样的决策时规划。这种策略分布的一个优点是它易于生成，只是按照当前的策略与模型进行交互。在一个回合的任务中，从一个开始状态模拟直到终止状态。在一个持续的任务中，从某个状态出发，基于一个策略进行仿真，不断模拟，评估价值，最后选择仿真中价值最高的动作。在计算过程中，我们仅对最有可能在几步之内达到的"状态—动作"二元组所形成的子集的状态进行蒙特卡洛值估计，这就形成了一棵以当前状态为根节点的树。

蒙特卡洛树搜索算法通过添加模拟轨迹结果看似有希望的状态的节点来进行树扩展。任何一条模拟轨迹都会沿着这棵树运行，最后从某个叶子节点退出。在树的外部和叶子节点处，通过预演策略来选择动作，但是对于树内部的状态可能会有更好的选择。对于内部状态，至少会对某些动作进行了价值估计，因此我们可以使用一种称为"树策略"的知情策略来从中选取，以平衡试探和开发。

如图 5 - 8 所示，一个基本版的蒙特卡洛树搜索算法的每一次循环中包括以下 4 个步骤。

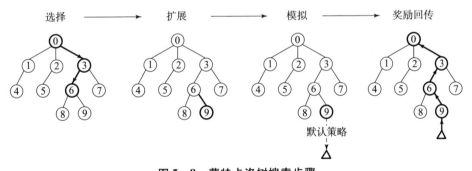

图 5 - 8　蒙特卡洛树搜索步骤

（1）选择。基于树边缘动作值的树策略遍历树，从根节点开始选择叶子节点。

（2）扩展。在某些迭代中（取决于应用的详细信息），针对选定的叶子节点找到采取非试探性动作可以到达的节点，将一个或多个这样的节点加为该叶子节点的子节点，以此来实现树的扩展。

（3）模拟。从所选节点或其新添加的子节点出发，根据预演策略选择动作来进行整幕的轨迹模拟。结果是一个蒙特卡洛试验，动作首先由树策略选择，而树外则由预演策略选择。

（4）奖励回传。奖励回传是指通过更新反向传播路径上每个节点的统计信息，最后将其模拟结果回传到根节点的过程。从模拟开始时的叶节点到根节点的遍历过程称为反向传播。模拟的奖励从新节点回传到根节点的每一个经由节点上，奖励的回传将对树策略有影响。树策略的形成是通过重复迭代和奖励反向传播形成的，它选择下一个动作的概率会受到回传的奖励影响。图 5-8 显示了从模拟轨迹的终端状态直接到预演策略开始时的"状态—动作"节点的奖励回传过程（虽然一般情况下，向上回传到这个"状态—动作"节点的应该是整个模拟轨迹的回报值）。

蒙特卡洛树搜索算法首次被提出是用于计算机围棋等双人竞技游戏时选择走法。对于游戏而言，每个模拟的"幕"都是两个玩家通过树策略和预演策略选择走法的一局完整游戏。阿尔法围棋程序中使用了一种蒙特卡洛树搜索算法的扩展，它将蒙特卡洛估值与由深度神经网络通过自我博弈强化学习所学得的动作价值结合在一起。

科齐什（Kocsis）和塞佩斯瓦里（Szepesvari）在蒙特卡洛（Monte Carlo）规划中应用了 UCB1（Upper Confidence Bounds）算法，即信心上限算法，这很大程度地改进了蒙特卡洛树搜索算法。UCB1 算法作为树策略的 UCT（UCB applied to Trees）算法，即信心上限树算法，其公式用来平衡搜索过程中的探索和利用。其中，当节点 i 选择子节点时，由式 3-6 可定义相关的 UCT 值为

$$\text{UCT}(i,a) = V(i,a) + C\sqrt{\frac{\ln N(i)}{N(i,a)}} \tag{5-34}$$

式中：$V(i,a)$ 为在节点 i 中执行动作 a 的平均效用值；$N(i)$ 为当前节点 i 的访问次数；$N(i,a)$ 为在当前节点 i 中选择 a 的次数。设探索常数 C 大于 0。若 C 值越高，则在探索上树扩展会消耗相对更多的时间。当采样增长到无限大时，选择最优动作的概率收敛到 1。

将蒙特卡洛树搜索算法与强化学习原理联系起来，可以对蒙特卡洛树搜索算法如何取得如此令人印象深刻的结果提供一些参与。从根本上说，应用从根节点开始模拟的蒙特卡洛树搜索算法是基于蒙特卡洛控制的一种规划时间决策算法，因此，它受益于在线的、增量的、基于采样的价值估计和策略改进。除此之外，它还保存了树边缘上的动作价值估计值，并使用强化学习的采样更新方法来进行更新。这样做可以使蒙特卡洛树搜索算法试验集中在某些特定轨迹

上，其初始片段与先前模拟试验中高收益的轨迹的初始片段相同。另外，蒙特卡洛树搜索算法通过逐步扩展这棵树，有效地生成一个查找表来实现部分动作价值函数的存储，并在高收益采样轨迹的初始片段中分配内存给"状态—动作"二元组的估计值。所以，蒙特卡洛树搜索算法避免了估计全局动作价值函数，同时保留了利用过去的经验来指导探索的优势。

通过蒙特卡洛树搜索算法进行决策时间规划的惊人成功对人工智能产生了深远的影响，本研究将其从游戏和单智能体的应用扩展到智能音乐生成中。

5.3.1.2　基于蒙特卡洛控制的决策时间规划算法——预演算法

预演算法是基于蒙特卡洛控制的决策时间规划算法。这里的蒙特卡洛控制用于计算所有从当前环境状态开始的采样模拟轨迹的平均回报，这些模拟轨迹由随机生成的状态转移构成。预演算法通过平均许多开始于每个可能的动作，然后遵循给定策略的模拟轨迹的回报来估算给定策略的动作价值。当动作价值的估计被认为足够准确时，该最高估计值的动作（或其中一个动作）会被执行，然后这个过程再从产生的下一个状态重新执行该过程。正如特萨罗（Tesauro）和加尔佩林（Galperin）所解释的那样，他们曾用预演算法来玩西洋双陆棋。"预演（roll out）"一词来源于在西洋双陆棋中通过"预演"来估计双陆棋棋盘局面的价值，即利用随机生成的骰子序列以及某些固定的策略来推演从当前局面到棋局结束的棋子走法，通过利用多次预演的完整棋局来估计当前局面的价值。

预演算法是蒙特卡洛控制算法的一个特例，但与蒙特卡洛控制算法不同的是，预演算法的目标不是针对给定策略 π 估计完整的动作价值函数 q_π，或估计一个最佳动作价值函数 q_*。取而代之的是，预演算法仅针对每一个当前状态和一个给定的策略（通常称为预演策略）生成动作价值的蒙特卡洛估计。作为一种决策时间规划算法，预演算法只是即时利用这些动作价值的估计值，然后将其丢弃。这一特点使得预演算法相对容易实现，因为既没有必要采样每个"状态—动作"二元组的结果，也没有必要估计一个包含状态空间或"状态—动作"二元组空间的函数。

预演算法的目的是改进预演策略的性能，而不是找到最优的策略。经验表明，预演算法可能出奇地有效。例如，特萨罗和加尔佩林对预演算法在西洋双陆棋中的显著性能提升感到惊讶。在某些应用程序中，即使预演策略是完全随机的，预演算法也可以产生良好的性能。但是，改进后的策略的性能取决于预演策略的属性以及基于蒙特卡洛价值估计的动作的排序。从直观上来看，基础预演策略越好，价值的估计越准确，预演算法得到的策略可能越好。

这就涉及重要的权衡，因为更好的预演策略通常意味着需要花更多的时间来模拟足够多的轨迹以获得良好的价值估计。作为决策时间规划方法，预演算法通常必须满足严格的时间限制。预演算法所需的计算时间取决于每次决策时需要评估的动作的个数。为获得有效的回报采样值，要求模拟轨迹具备的步长，预演策略作出决策所需的时间，以及为获得良好的蒙特卡洛动作价值估计所需的模拟轨迹的数量。

平衡这些因素在任何预演算法的应用中都很重要，但是有多种方法可以缓解这个问题。由于蒙特卡洛试验彼此独立，因此可以在单独的处理器上并行进行多次试验。另一种方法是截断未完成的模拟轨迹，并通过预存的评估函数来更正截断的回报值。正如特萨罗和加尔佩林所建议的，还可以监视蒙特卡洛模拟过程并修剪不太可能是最优的或者其值与当前的最优值很接近的候选动作。

我们通常不把预演算法视为一种学习算法，因为预演算法不保持对价值或策略的长时记忆，但是这类算法利用了强化学习的一些特点。以蒙特卡洛控制为例，它们通过平均采样轨迹的回报值来估计动作价值，这些轨迹是通过与一个环境的采样模型进行模拟交互得到的。在这方面，预演算法就像强化学习算法一样，都通过轨迹采样来避免对于动态规划的穷举式遍历，并且使用采样更新而不是期望更新来避免使用概率分布模型。最后，预演算法"贪心"地根据估计的动作价值选择动作，这就有效利用了策略改进的性质。

5.3.1.3 音乐旋律预测过程

1. 前向预演

蒙特卡洛树搜索算法本质上属于前向预演，即一个包含环境里的状态、行动以及状态转移的描述环境的模型。结合随机模拟的一般性和树搜索的准确性，蒙特卡洛树搜索算法是解决人工智能问题最优决策的一种方法，一般表现为组合博弈中的动作规划形式。搜索是蒙特卡洛树搜索算法的主要概念，它是一组沿着向下遍历博弈树的过程。蒙特卡洛树搜索会多次模拟博弈，并尝试根据模拟结果预测最优方案。在初始阶段，搜索树只有一个节点，即根节点，其他子节点包含以下信息：下一步可选的行动列表；该节点被访问的次数和累计评分。搜索开始时，根节点的所有子节点都未被访问，然后一个节点被选中，就开始了第一个模拟。更新反向传播路径上每个节点的统计信息，最后模拟结果将被传输到根节点。如果一旦搜索因时间或计算能力终止的话，下一步行动将根据收集到的统计数据作出决定。蒙特卡洛树搜索不包括精确的目标，而是在前向预演的基础上寻求最优解。在经典的规划实施中，该环境模型表示成符号的形式，而蒙特卡洛树搜索则要求目标问题有一个精确的前向模型，该模型可以根据给定的输入预测下一步输出。

从蒙特卡洛树搜索算法的本质原理来讲，基于蒙特卡洛树搜索的前向预演方式很适合应用于音乐旋律音符的预测过程。首先，在资源和算力都有限的条件下，通过蒙特卡洛采样方法来逼近最优解，使其在许多复杂的状态空间问题中表现良好。另一方面，基于前瞻树搜索的前向预演考虑了预测下一刻音符生成的概率，从而使得生成的旋律在对抗环境中更接近真实数据。比如，在确定实施计划时，往往人们会在脑海中评估这个计划的可行性，并根据其经验来评判该行动计划的实施效果，因此，从某种程度上说，前向预演是一种符合这个想法的计算实现。

2. 按照最大值和最小值排序算法更新节点的收益情况

在生成音符的预测方面，根据最大值和最小值排序算法，按照先后顺序将整个决策树分为最大层（MAX）和最小层（MIN）。最大的一层应该选择最大的可能收益，最小的一层则应该选择最小的可能收益。

在基于蒙特卡洛树搜索的旋律生成研究中，将该环境定义为 $M = \{P, S, A, T_\gamma, T_e, U\}$，以当前状态 s_t 为根构建一个搜索树，其预测过程如下：

（1）$P = \{\text{MAX}, \text{MIN}\}$ 表示生成音符的最大收益和最小收益。

（2）S 定义为状态集，涉及预测问题的状态信息集合。

（3）$A(p, s)$ 表示在状态 $s \in S$ 下生成音符 $p \in P$ 的采样动作集合。

（4）$T_\gamma(s, a): S \times A \to S$ 定义了在该环境下的状态转移，表示在当前状态 s_t 下执行动作 a 所得到的下一个状态 s_{t+1} 的转移过程。

（5）$T_e(s) \to \{\text{true}, \text{false}\}$ 用来判断在状态 s 下，该过程是否运行结束。

（6）$U(s) \to \mathbb{R}$ 可定义为返回状态 s 的效用值。一般来说，状态的效用值越高，越接近最大层（MAX）。

（7）从根结点状态 s_t 通过执行 N 次蒙特卡洛树搜索，可表示成 $\text{MCTS}(s_t, N)$。

（8）在搜索结束之后，选择在搜索树中有最大价值的当前（真实）动作，即

$$a_t = \underset{a \in A}{\text{argmax}} Q(s_t, a) \tag{5-35}$$

5.3.2　网络模型设计

本研究的 TRMG 网络模型是由当前奖励网络、未来奖励网络以及 Melody_ LSTM 生成网络组成的。本研究采用强化学习的方式将这两个奖励网络的奖励值反馈给 Melody_LSTM 生成网络，以此更新生成策略，目标是减少不和谐音符的选择概率。TRMG 网络模型如图 5-9 所示。

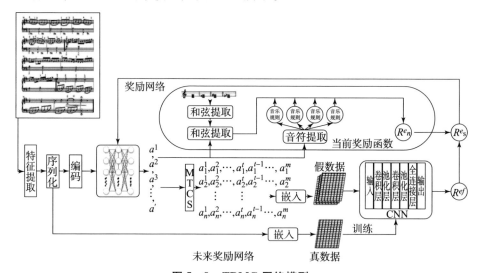

图 5-9　TRMG 网络模型

5.3.2.1　奖励网络

为了使旋律生成模型能够对和弦进行和乐理规则进行很好的学习，并体验到真实音乐中音符的预测和选择过程，我们设计了两个奖励网络：当前奖励网络和未来奖励网络。

1. 当前奖励网络

音乐家在创作音乐作品时，都遵循一定的音乐创作规则，因为遵循这些规则创作的音乐听起来更和谐、更优美。大多数音乐作曲人士都是根据和弦进行来创作旋律，但现有的音乐生成方法多数都是基于神经网络的学习和预测，从真实音乐中学习音符之间的依赖关系从而预测下一个音符的生成，而没有考虑和声进行和音乐理论规则。所以，针对以上问题，本研究在和弦进行对生成的旋律音符的筛选以及音乐理论规则约束的基础上构建了当前奖励网络。

（1）和弦进行奖励机制。基于深度学习的音乐生成只是让神经网络从真实音乐数据中学习音符之间的关系，并将其保存为生成策略，可用于在音乐生成过程中选择音符。但是，在实际的作曲编曲过程中，音乐专业人士都充分考虑了和弦进行对音符选择的限制。本文通过对和弦进行规则的大量研究，推导出和弦进行的筛选函数；和弦进行可以对生成的旋律进行筛选以限制音乐生成网络对音符的选择和预测。

我们把音乐节奏中的强拍和弱拍按一定规律交替出现的现象叫作节拍。在一个小节里既有强拍也有弱拍。例如，2/4 拍的音乐，指的是以四分音符为一拍，一个小节有两拍。为了让音乐显得更加有结构，在音乐编排时强拍和弱拍上音符的选择方式是不同的，主要是根据和弦进行对音符进行选择，因此，本文对和弦进行的规则进行了大量的研究，从音乐理论知识的角度定义和弦进行奖励机制。

强拍位置的音序为和弦内音，和弦内音是构成和弦的音。本文为了方便后续的研究，这里选用大三和弦，也就是由 3 个音构成和弦。假设当前时刻的和弦内音为 C_1^t, C_2^t, C_3^t，当前音乐生成网络选择的音符是 a_t，可构建如下公式：

$$r^{c_1}(s_{1:t-1}, a_t) = \begin{cases} 0.8, a_t \in (C_1^t, C_2^t, C_3^t t\%2 = 1) \\ -0.6, a_t \notin (C_1^t, C_2^t, C_3^t t\%2 = 1) \end{cases} \tag{5-36}$$

根据和声学的理论，不属于和弦结构内的音称为和弦外音。一般来说，和弦外音是某一和弦音上方二度的音或下方二度的音。和弦外音是多声部音乐中的重要组成部分，仅有和弦内音会导致音乐的和声结构过于严谨而造成音响色彩单调。因此，和弦外音存在于各个声部中并与音乐的织体密切相关。虽然和弦外音能增强和声色彩和张力，但太多的和弦外音会严重影响音乐生成的和谐性，因此需要使长音、重拍上的音或尽可能多的音落在和弦内音上。鉴于和弦外音的作用和效果，本文不限制旋律生成网络选择和弦外音，但是和弦外音在一个小节中出现的次数不能超过一次。设在一个小节的弱拍位置生成网络选择音符 a_t 和 a_{t-2}，$-C_i^t$ 为和弦外音，i 为和弦外音的数量，根据此条和弦规则可构建如下公式：

$$r^{c_2}(s_{1:t-1}, a_t) = \begin{cases} \begin{cases} 0.4, a_t \neq -C_i^t \\ -0.5, a_t = -C_i^t \end{cases}, a_{t-2} = -C_i^t \\ \begin{cases} 0, a_t \neq -C_i^t \\ 0.4, a_t = -C_i^t \end{cases}, a_{t-2} \neq -C_i^t \end{cases} \tag{5-37}$$

可借鉴数学中中位线的定义，专业音乐人士在作曲的时候会在乐谱中设置一条中位线，然后根据中位线的音高来筛选生成的音符满足其音高范围，这样提高了作曲的效率和质量。中位线的选择与和弦进行相关，一般来说，中位线都是和弦内音，一般选取位于中位线相差 6 个音程范围内的音符作为生成的旋律。假设在 t 时刻中位线可定义为 a_t^m，且 a_t^m 会随机选择 C_1^t, C_2^t, C_3^t 中的一个。因此，根据此条规则可构建公式

$$r^{c_3}(s_{1:t-1}, a_t) = \begin{cases} 0.3, & |a_t - a_t^m| \leq 6 \\ -0.1, & |a_t - a_t^m| > 6 \end{cases} \tag{5-38}$$

（2）乐理规则奖励机制。通过采访一些专业作曲家并请教他们在音乐创作方面的实践经验，虽然每个音乐制作人的创作习惯和步骤流程都不尽相同，但他们都有一个共同的特点：为了让音乐从主观听感上更悦耳动听，更符合大众的听觉习惯和审美标准，他们创作音乐时并不是无章可循，而是遵循一定的乐理规则和常规方法。本文在第 2 章介绍了乐理基础知识和音乐规则的数学表达，本章筛选出音乐理论中最常见、最基本的一些音乐规则，推导出音乐规则的数学表达，作为乐理规则奖励机制的约束函数，从而当前奖励网络反馈给旋律生成网络新的奖励值。

根据旋律的定义和特点，相同音符连续重复出现次数过多会使人乏味、听感上很疲惫。因此，根据音乐规则理论中关于旋律评估的数学表达，按照音符重复出现的次数不能超过 4 次的乐理规则，可构建如下公式：

$$r^{m_1}(s_{1:t-1}, a_t) = \begin{cases} -0.8, & a_{t-1} = a_t \\ 0.1, & a_{t-1} \neq a_t \end{cases}, a_{t-3} = a_{t-2} = a_{t-1} \tag{5-39}$$

根据音程的定义和特点，两个音符之间的音程差过大会使人有刺耳、不连贯的感觉。因此，根据音乐规则理论中关于和弦预测的数学表达，按照相邻两个音符之间的音程差小于八度的乐理规则，可构建如下公式：

$$r^{m_2}(s_{1:t-1}, a_t) = \begin{cases} 0.2, & |a_t - a_{t-1}| \leq 8 \\ -0.7, & |a_t - a_{t-1}| > 8 \end{cases} \tag{5-40}$$

根据音高的定义和特点，一方面音高过高或过低从听感上不悦耳；另一方面考虑到演奏乐器都有一定的音域范围，超过其音域的无法演奏出来，也不能体现在乐谱上。因此，根据音乐规则理论中关于调性音阶的数学表达，以乐器演奏的音域范围为依据事先定义好一首音乐的最高音和最低音，可构建如下公式：

$$r^{m_3}(s_{1:t-1}, a_t) = \begin{cases} 0.1, & a_t \in [a_{\min}, a_{\max}] \\ -0.6, & a_t \notin [a_{\min}, a_{\max}] \end{cases} \tag{5-41}$$

切分音是旋律在进行当中，由于音乐的需要，音符的强拍和弱拍之间发生变化。从某种程度上说，切分音是节奏突破节拍限制的一种形式。这种形式由于出现节拍重音转移而显得更加活跃有力。但是，连续不断的切分音重复出现，给人一种软绵绵、不稳定的感觉，以及哀叹、伤感的情绪。因此，根据音乐规则理论中关于节奏的数学表达，按照尽量减少切分音出现次数的乐理规则，可构建如下公式：

$$r^{m_4}(s_{1:t-1}, a_t) = -1, a_{t-1} \in [t-1, t], (t-1)\%2 = 0 \qquad (5-42)$$

由和弦进行和乐理规则返回的奖励值，当前奖励网络的总奖励值可表示为两者的和，即

$$r^{en}(s_{1:t-1}, a_t) = \sum_{i=1}^{3} r^{ci} + \sum_{j=1}^{4} r^{mj} \qquad (5-43)$$

2. 未来奖励网络

本文的目标是建模一个能够提供精准音乐规范的奖励函数，这个奖励函数不仅可以考虑到当前的情况，也可以考虑长远的目标，所以我们把前面介绍的音乐理论规则作为当前奖励网络 $r^{en}(s,a)$，以确保网络模型在当前时刻能够选择正确的音符向量；同时，我们已经添加了未来奖励网络 $r^{ef}(s,a)$，以便未来选择音符的方向沿袭当前的音符选择。我们在未来奖励网络中添加了蒙特卡洛树搜索模型，希望生成网络能够预测下一个音符的概率并在每一步都获得未来的奖励，由此，使用预演算法可以对未来时间的音符序列进行补全。使用初始状态与生成器相同的概率分布 G_σ 对该位置的 $T-t$ 个音符进行采样，并在一个回合中执行蒙特卡洛树搜索 N 次，即

$$\{s_T^1, \cdots, s_T^N\} = \mathrm{MCTS}^{G_\sigma}(s_t, N) \qquad (5-44)$$

式中，s_t 为生成器在 t 时刻和之前时刻生成的所有音符，而使用蒙特卡洛树搜索中的预演算法根据当前状态采样出来的结果可表示为 $s_{t+1} \sim s_T$，s_T 是一个完整的音乐序列。补全蒙特卡洛树搜索的音乐序列 s_T 后，将该序列输入嵌入层并转化成向量，然后输入已训练好的判别器卷积神经网络（CNN）。该网络的奖励值可以用 CNN 对生成的音乐序列判别的误差概率来表示，由此得到以下公式：

$$r^{ef} = \begin{cases} \dfrac{1}{N}\sum_{n=1}^{N} C_\varphi(s_T^n), s_T^n \in \mathrm{MCTS}^{G_\sigma}(s_t, N), t < T \\ C_\varphi(s_T), t > T \end{cases} \qquad (5-45)$$

式中，C_φ 为 CNN 判别器，用来更新和进一步提高生成网络的性能，通过 CNN 网络参数的更新得到一个与原始数据相比较真实的音乐序列。

5.3.2.2 Melody_LSTM 生成网络

根据训练数据的类型，音乐的智能生成大致可以分为两个方向：

（1）音频数据类型的音乐生成。音频模型直接训练采样音频波形，从而可以产生逼真的声音，即音乐的音色，但易出现音符失真，从而影响音乐生成的质量。

（2）符号数据类型的音乐生成。这种生成方法主要处理符号数据（比如MIDI），需要先将音频转化为符号序列再生成音乐。

本研究采用符号数据类型的音乐生成方式，将音乐转化成符号序列，而生成音乐就相当于对音符序列进行预测。

循环神经网络（RNN）和长短期记忆网络（LSTM）都可以用来处理序列生成任务，然而循环神经网络易出现"梯度消失"，这是由于该网络中多个记忆单元的连乘导致记忆快速的衰减。长短期记忆网络则是通过将当前输入和记忆单元"相加"，再加上长短期记忆网络有门控机制，在遗忘门关闭的情况下，记忆的值不更新，使先前的记忆继续存在，而不是在乘法的影响下部分"消失"，所以不会衰减。为了捕捉音符之间的长期依赖关系，本研究采用基于长短期记忆网络的 Melody_LSTM 作为旋律生成网络。因为长短期记忆网络在处理上下文信息的长时记忆方面具有良好的表现，它适用于对长时程序列信号的建模，音乐可以转换成符号序列进行处理。因此，本研究在长短期记忆网络的基础上构建一个符号级的旋律生成网络，将其命名为 Melody_LSTM，图 5-10 为 Melody_LSTM 音乐生成流程。

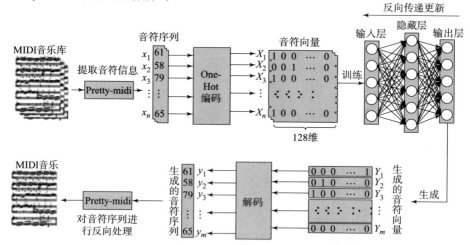

图 5-10　Melody_LSTM 音乐生成流程

用 $x_0, x_1, \cdots, x_t$ 表示输入序列，$h_0, h_1, \cdots, h_t$ 表示隐藏层数据，$\tilde{y}_0, \tilde{y}_1, \cdots, \tilde{y}_t$ 表示输出序列。输入的权值矩阵用 U 表示，上一时刻的隐藏层权值矩阵用 W 表示，隐藏层的激活函数为 f，则隐藏层的输出计算公式可定义为

$$h_t = f(Ux_t + Wh_{t-1}) \tag{5-46}$$

计算完隐藏层的输出 h_t 后，预测值 $\tilde{y}_t$ 可通过隐藏层的输出 h_t、输出层的激活函数 δ 和权值矩阵 V 计算得到公式如下：

$$\tilde{y}_t = \delta(Vh_t) \tag{5-47}$$

本研究采用 Soft Max 函数作为激活函数，它可以保存网络学习到的一系列音符在真实音乐中的依赖关系，并将输出值归一化到 0 ～ 1。由式 3 – 19 得到预测值 $\tilde{y}_t$ 之后，取下一时刻的输入音符序列 x_{t+1} 作为该时刻的目标值 y_t。由于本文的 Melody_LSTM 网络输出层是 Soft Max 层，其输出值为生成音符的概率分布，所以使用交叉熵的方法由目标值和预测值建立长短期记忆生成网络的损失函数，公式如下：

$$L(\theta_M) = -\frac{1}{I}\sum_{i=1}^{I}(y_t \log \tilde{y}_t + (1 - y_t)\log(1 - \tilde{y}_t)) \tag{5-48}$$

式中，I 为整首乐曲的长度。Melody_LSTM 的网络参数用 θ_M 表示，由上式的损失函数可得，目标值和预测值的误差进行反向传递，然后网络参数得到更新。在模型的训练期间，考虑到试验环境和硬件条件，使用 Adam 对网络进行优化。首先，设置 LSTM 单元数为 512，学习率 $\alpha = 2 \times 10^{-3}$，批次大小为 128，dropout 设置为 0.8。其次，可设置 $\beta = 1.5 \times 10^{-5}$，以满足网络模型正则化的需求和减小网络权重的 L2 范数。在网络的训练过程中不使用每个音乐序列的前 6 个音符进行损失训练是因为缺乏前 6 个音符的上下文信息。

5.3.2.3　模型更新

本文采用了强化学习中的策略梯度算法进行模型更新，该算法通过奖励值来判断这个动作的好坏从而更新网络策略。如果一个动作得到的奖励多，那么我们使其出现的概率增加；如果一个动作得到的奖励少，我们使其出现的概率降低，其目的是尽可能多地选择正确的音符而不选择错误的音符。图 5 – 11 为策略梯度算法流程。

将 t 时刻选择的动作 a_t 看作当前时刻生成的音符，把已经生成的音符序列定义为状态 s_{t-1}，可表示为

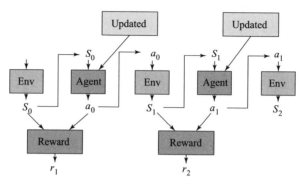

图 5-11 策略梯度算法流程

$$(a_1, a_2, \cdots, a_{t-1}) \rightarrow s_{t-1} \qquad (5-49)$$

为了构成策略梯度算法，其策略模型可被看作是生成器的生成策略，可表示为

$$G_\theta(a_t \mid s_{t-1}) \qquad (5-50)$$

式中，θ 为生成网络的参数。我们的目标是最大化生成器模型 $G_\theta(a_t \mid s_{t-1})$ 从音符序列生成的开始状态 s_0 到回合结束时的奖励期望值，其目标函数可定义为

$$L(\theta) = \mathbb{E}[r(s,a) \mid G_\theta] = -\sum_{t=1}^{T} \sum_{a_t \in A} G_\theta(a_t \mid s_{t-1}) \cdot r^{G_\theta}(s_{t-1}, a_t) \qquad (5-51)$$

式中，$r^{G_\theta}(s_{t-1}, a_t)$ 为音符序列得到的奖励，这些奖励来自我们创建的虚拟环境。为了更进一步加强对生成网络的限制，我们设置了当前奖励和未来奖励两个部分构成总奖励，公式如下：

$$r^{G_\theta}(s_{t-1}, a_t) = r^{en}(s_{t-1}, a_t) + r^{ef}(s_{t-1}, a_t) \qquad (5-52)$$

生成器可根据每次获得的奖励更新其网络参数。本研究提出的基于策略梯度的方法是以策略的参数更新和优化为核心思想来实现奖励期望的最大化。因此，我们推导目标函数 $L(\theta)$ 关于生成器参数 θ 的梯度为

$$\nabla_\theta L(\theta) = -\mathbb{E}_{s_{t-1} \sim G_\theta} \left[\sum_{t=1}^{T} \sum_{a_t \in A} \nabla_\theta \log G_\theta(a_t \mid s_{t-1}) \cdot r^{G_\theta}(s_{t-1}, a_t) \right] \qquad (5-53)$$

有了上述公式，我们就可以根据式（3-25）来更新生成器的网络参数，即

$$\theta + \alpha \nabla_\theta L(\theta) \rightarrow \theta \qquad (5-54)$$

构建完成上述公式后，为达到我们的预期目标更新 TRMG 模型参数，该音

乐生成网络通过学习和弦进行和乐理规则来约束音符的选择，从而生成旋律音符。

5.4 风格生成

5.4.1 行动器—评判器算法

5.4.1.1 算法描述

行动器—评判器算法是一种同时学习策略和价值函数的强化学习算法，它结合了策略梯度算法和时序差分学习算法。其中将策略函数 $\pi_\theta(s,a)$ 看作行动器，即通过学习一种策略来获得可能的最大奖励；将状态的价值函数 $V_\phi(s)$ 看作评判器，用来评判行动器的质量好坏并对当前策略的价值函数进行评估。行动器—评判器算法不需要等到回合结束，在值函数的帮助下可以直接实现单步更新参数。

行动器是算法中学习策略的组成部分；评判器是算法中用于学习对行动器的动作选择进行评判的组成部分，这个评判是基于行动器所遵循的策略来进行的。评判器使用 TD 算法来学习行动器当前策略的状态价值函数。价值函数使评判器可以通过将 TD 误差 σ 发送给行动器来评判行动器的动作选择。一个正 σ 表示该动作是"好"的，因为它导致状态价值好于预期；一个负 σ 表示该动作是"坏"的，因为它导致状态价值差于预期。基于这些评判，行动器不断更新其政策。

图 5-12 展示了一个行动器—评判器算法的人工神经网络实现。该神经网络的不同部分实现了行动器和评判器，行动器会根据从评判器获取的 TD 误差来更新策略；同时，评判器也用相同的 TD 误差 σ 来调整状态价值函数的参数。评判器通过奖励信号 r 和估计的状态价值来求得 TD 误差。评判器由单个神经单元 V（该单元的输出代表状态价值）和 TD 组件组成。TD 组件通过 V 的输出、奖励信号以及过去的状态价值组合来计算 TD 误差。行动器网络由一层 n 个行动器单元组成，标记为 $A_i, i = 1, 2, \cdots, n$，每个行动器单元输出一个 n 维的动作向量 $\{A_1, A_2, \cdots, A_n\}$。另一种选择是拥有 n 个独立的动作，每个

单元都执行一个动作 A_i，它们相互竞争执行动作，但在这里，我们将整个向量 $\{A_1, A_2, \cdots, A_n\}$ 视作一个动作。

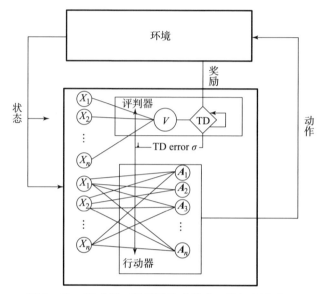

图 5 – 12　行动器—评判器算法的人工神经网络实现

评判器网络和行动器网络都可以接收包含智能体所在环境状态的多个特征。图 5 – 12 将强化学习智能体的环境中包含的很多组成部分表示为标有 0 的圈。为了使图更加简单，我们重复了两次。从每个特征 x_i 到评判器单元 V 的连接以及它们到每个动作单元 A_i 的连接，都有一个对应的权重参数。评判器网络中的权重将价值函数参数化，而行动器网络中的权重则将策略参数化。随着这些权重的变化，网络根据行动器—评判器的学习规则进行学习。评判器神经回路所产生的 TD 误差是更改评判器和行动器网络权重的增强信号。

评判器和行动器使用相同的强化信号（即 TD 误差 σ）作为学习规则，但是二者对学习的影响是不同的。TD 误差告诉行动器应怎样更新动作概率以获得更大的状态价值；行动器的目标是尽量保持 σ 为正值。同样，TD 误差告诉评判器调整价值函数参数的方向和幅度以提高其预测准确性。评判器使用经典条件反射的 TD 模型等学习规则将 σ 的幅度减小到尽可能接近 0。评判器和行动器学习规则之间的差异相对简单，但是这种差异对于评判器和行动器算法在本质上如何起作用有着显著的影响。

5.4.1.2　算法实现

行动器—评判器算法是记忆结构独立的时序差分方法，能够独立于价值函数而清晰地表达策略。这个策略结构用于选择动作，因此被称为行动器（Actor）；估计值函数评估了行动器所做的动作，则被称为评判器（Critic）。

1. 行动器策略改进

目标函数 $L(\theta)$ 是一个衡量性能好坏的标量，该函数可以用策略来表示，其函数值与策略成正比。因此行动器—评判器算法的长期平均回报 $L(\theta)$ 可表示为

$$L(\theta) = \lim_{T \to \infty} \frac{1}{T} E_\theta [\, r_1 + r_2 + \cdots + r_T \,] = \int_{s \in S} \mathrm{d}^\theta(s) \int_{a \in A} \theta(s, a) R(s, a) \mathrm{d}a \mathrm{d}s$$

$$(5-55)$$

令 π^* 表示最优策略：$\pi^* = \underset{\theta}{\arg\max} L(\theta)$。算法的目的是寻求最优策略，即最大化 $L(\theta)$。

应该设计一个梯度上升的策略梯度算法来得到期望的最大值。在策略梯度算法中，梯度的方向和策略参数 θ 的增量成正比，即

$$\theta_{t+1} - \theta_t \approx \alpha \, \nabla_\theta L(\theta) \tag{5-56}$$

式中：$\alpha \in R$ 为一个正的步长参数；$\nabla_\theta L(\theta)$ 为目标函数 $L(\theta)$ 相对于策略参数 θ 的梯度。

若想求得式（5-56）中策略参数 θ 的逼近值，应先计算出梯度 $\nabla_\theta L(\theta)$。但是，在未求得系统的状态转移概率时，很难找到函数关系式 $L(\theta)$，所以很难基于解析的方法进行梯度计算。为此，萨顿（Sutton）等提出了一种扩展到连续状态动作空间的梯度估计方法：

$$\nabla_\theta L(\theta) = \int_S \mathrm{d}^\pi(s) \int_A \nabla_\theta \pi(a \mid s) Q(s, a) \mathrm{d}a \mathrm{d}s \tag{5-57}$$

其中，动作的价值函数定义为 $Q(s, a) = \sum_{t=1}^{\infty} \mathbb{E}[\, r_t - L(\theta) \mid s_0 = s, a_0 = a, \pi\,]$，策略 π 下状态的平稳分布可表示为 $d^\pi(s) = \lim_{t \to \infty} P(s_t = s \mid s_0, \pi)$。

2. 评判器策略评估

我们通常用函数逼近器来逼近连续状态的价值函数，目前最常用且学习效果很好的方法是线性函数逼近器的 TD(λ) 算法。行动器—评判器算法是一种在线学习的方法，评判器必须对行动器目前所遵循的任何策略都非常了

解并进行评估。评估采用 TD 误差的形式，而 TD 误差 σ 是评判器的唯一输出。

行动器—评判器算法是梯度带宽方法对时间差分学习和全强化学习的自然扩展。一般来说，评判器每次选择完动作之后都会对下一时刻的状态进行评估，以确定其比预期的是好还是坏，因此它是一个状态—价值函数。该评估为 TD 误差，可表示为

$$\text{TD}(s_{1:t-1}) = R_t + \varepsilon[V(s_{1:t}) - V(s_{1:t-1})] \tag{5-58}$$

式中，$V(s_{1:t})$ 为评判器在 t 时刻得到的价值函数。TD 误差可以用来评估状态为 s_t 下选择动作 a_t 的情况。如果计算 TD 误差的值为正，则表明未来选择 a_t 的概率应该增加；如果计算 TD 误差的值为负，则表明应该减少选择 a_t 的概率。

3. 策略梯度方法更新网络

基于策略梯度的方法与基于价值函数的强化学习方法不同，它直接在参数化的策略空间中寻找最优策略来解决方法，并严格保证更新的每一步都能使当前策略的性能提升。这种方法的核心思想是用参数 θ 来表示策略 π，并不断计算优化目标相对于参数 θ 的梯度来更新策略，使优化的目标函数达到最优或局部最优。当深度强化学习面临连续动作空间的问题时，其策略可表示为参数 θ 的深度神经网络。本节采用的策略梯度方法可以用来直接寻找最优策略的策略空间，以端到端的方式最终更新网络参数。

在时刻 t，行动器网络的参数为 θ_a^t，评判器网络的参数为 θ_v^t，通过 TD 可以得到评判器网络结构中的损失函数 $\sigma(\theta_v)$，损失函数更新行动器网络的参数 θ_a^t。Q 网络的计算表示为时间 t_1（动作序列的开始）到时间 T（动作序列的结束）之间累积奖励 r_t 的平均值。换言之，对于动作序列 $\pi(a_1, a_2, \cdots a_t, \cdots, a_T)$，其动作价值函数 Q 计算如下：

$$Q(s, a, \theta_v) = \mathbb{E}[r_t/s_t = s, a_t = a, \theta_v] \tag{5-59}$$

$$r_t = \sum_{t_1}^{T} \omega^{t-t_1} r^{ef} \tag{5-60}$$

式中，ω 是每个未来奖励值 r^{ef} 的权重，期望 $\mathbb{E}$ 可以通过采样方法近似。

基于 TD 时间差分算法，评判器网络由一个值函数目标网络和一个值函数动作网络组成。每隔 N 步从值函数动作网络复制一次值函数目标网络，可计算其价值函数为

$$J(s, a, \theta_v^-) = r + \gamma \max_{a'} Q(s', a^{*'}; \theta_v^-) + V(s^*, \theta_v^-) \tag{5-61}$$

式中：a' 为下一个动作；s' 为动作 a 之后的下一个状态；V 为状态价值函数；γ 为折扣率；θ_v^- 为目标价值的网络参数；r 为总奖励价值。

可以计算值函数目标网络和值函数动作网络的损失函数：

$$\sigma(\theta_v) = E_{(s,a,r,s')}\left[\lambda J(s,a,\theta_v^-) - Q(s,a,\theta_v)\right] \qquad (5-62)$$

式中：θ_v^- 为目标价值的网络参数；λ 为目标函数值的折扣率。

通过随机梯度下降算法对损失函数 σ 进行端到端优化。评判器网络参数 θ_v 的更新方式为

$$\theta_v \leftarrow \theta_v + \nabla_{\theta_v}\sigma^2(\theta_v) \qquad (5-63)$$

行动器网络参数 θ_a 的更新方式为

$$\theta_a \leftarrow \theta_a + \nabla_{\theta_a}\pi(a/s,\theta_a)\sigma(\theta_v) \qquad (5-64)$$

5.4.2　网络模型设计

本研究采用强化学习结合弱监督方法处理音乐离散序列。鉴于其在预测动作方面的有效性，本章采用行动器—评判器算法，构建了一种基于模型的动态规划算法。本章的网络模型由行动器网络和评判器网络构成，我们命名为风格控制模型（Actor Critic Music Generation，ACMG）。

行动器网络的主要作用是执行生成音符的行动以及接受任务分数的反馈，并依据分数的高低来改变其生成策略。

基于真实的音乐创作理论，构建了评判器网络，包括风格规则奖励机制、和弦进行奖励机制和状态价值奖励机制，主要作用是控制音乐生成的风格，对行动器网络生成的音符进行评判并提供反馈。风格控制模型如图 5 - 13 所示。

行动器—评判器网络算法是一种基于时序差分（TD）的强化学习算法，该算法会更新神经网络参数，以优化动作选择的概率分布，从而使智能体在与环境进行交互的过程中实现累积奖励最大。在本章中，行动器网络在当前时刻生成的音符被视为所选动作 a_t，其中 $a_t \in A$，A 表示生成音符的动作集合，当前状态 $s_{1:t-1}$ 表示前一时刻生成的音符的总和，即

$$(a_1, a_2, \cdots, a_{t-1}) \rightarrow s_{1:t-1}, s \in S \qquad (5-65)$$

从当前时刻选择的音符 a_t 和当前状态 $s_{1:t-1}$ 给出下一时刻的状态 $s_{1:t}$。行动器网络分别接收 $s_{1:t-1}$，$s_{1:t}$ 和 a_t 评估 a_t 的得分。行动器—评判器网络运行过程如图 5 - 14 所示。

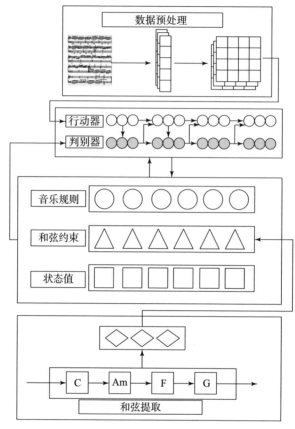

图 5－13　风格控制模型

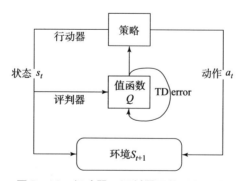

图 5－14　行动器—评判器网络运行过程

5.4.2.1　行动器网络

行动器网络是一个符号级的音乐生成网络。为了使网络能够在一定的时间范围内学习音符之间的依赖关系，我们使用长短时记忆（LSTM）网络构建行动器网络。与循环神经网络（RNN）不同，LSTM 网络具有 3 个门电路，它可以使网络学习较长时间序列的关系，从而有效地解决了长时程序列引起的梯度消失和梯度爆炸的问题。图 5 - 15 是长短时记忆网络单元结构。当音符序列输入到长短时记忆网络单元中时，可以得到遗忘门、输入门和输出门的公式。

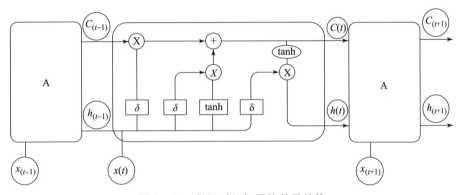

图 5 - 15　长短时记忆网络单元结构

$\boldsymbol{X}_t$ 表示 t 时刻输入的音符向量，h_{t-1} 表示上一时刻隐藏层的隐藏状态，则遗忘门输出的数学表达式为

$$f_t = \sigma(\boldsymbol{W}_f \cdot [h_{t-1}, X_t] + b_f) \qquad (5-66)$$

式中：$\boldsymbol{W}_f$ 为遗忘门的权重矩阵；b_f 为遗忘门的偏置项；σ 为激活函数。遗忘门主要是对前一时刻的细胞状态 C_{t-1} 进行判断，应该丢弃掉哪些信息而保留哪些信息呢？以下公式中的符号表示与式（5 - 66）有相同的定义，同理，输出门、输入门和候选细胞信息的公式可表示为

$$i_t = \sigma(\boldsymbol{W}_i \cdot [h_{t-1}, \boldsymbol{X}_t] + b_i) \qquad (5-67)$$

$$o_t = \sigma(\boldsymbol{W}_o \cdot [h_{t-1}, \boldsymbol{X}_t] + b_o) \qquad (5-68)$$

$$\tilde{C}_t = \tanh(\boldsymbol{W}_C \cdot [h_{t-1}, \boldsymbol{X}_t] + b_c) \qquad (5-69)$$

通过计算输入门和输出遗忘门的值，新的细胞信息 C_t 可表示为

$$C_t = f_t * C_{t-1} + i_t * \tilde{C}_t \qquad (5-70)$$

我们从新的细胞信息 C_t 可以得到 LSTM 单元的输出 h_t 为

$$h_t = o_t * \tanh(C_t) \tag{5-71}$$

我们在长短时记忆网络单元增加 Soft Max 层以实现在选定概率的特定情况下生成音符，本章采用 Soft Max 函数作为激活函数，如果保证归一化的 Soft Max 函数的单元值总和为 1，那么长短时记忆网络单元可以输出音符的概率分布。此时行动器网络在 t 时刻的预测值为 $\widetilde{Y}_t$，其中可用 Θ 表示 Soft Max 函数，用 V 表示输出层的权重矩阵，则预测值的计算公式为

$$\widetilde{Y}_t = \Theta[V \cdot h_t] \tag{5-72}$$

在得到预测值 $\widetilde{Y}_t$ 之后推导网络的损失函数以更新网络参数。

5.4.2.2 评判器网络

评判器网络是根据真实音乐创作过程构建的，该网络可以评估行动器网络在当前状态下生成音符的得分，从而为行动器网络提供有关真实音乐创作的反馈，并更新行动器网络的生成策略和网络参数以实现预期目标。评判器网络由风格规则奖励函数、和弦进行奖励函数和状态价值奖励函数组成，评判器从这 3 个奖励函数提供有关当前状态得分和当前所选音符的反馈。

1. 和弦进行奖励函数

和弦是指具有一定音程关系的音符组合。和弦进行是指调性音乐中和弦在一定和声范围内的连接。在实际的作曲编曲过程中，音乐专业人士都充分考虑了和弦进行对音符选择的限制。本文通过对和弦进行规则的大量研究，推导出和弦进行的筛选函数，以及和弦进行可以对生成的旋律进行筛选，以限制音乐生成网络对音符的选择和预测。

根据和弦内音及和声进行的定义和特点，在音乐创作中，和声进行可以影响情绪基调和旋律走向，如果遵循某些和声进行，则通常歌曲听起来律动性更好。因此，根据音乐规则理论中关于和声进行的数学表达，和弦内音需出现在强拍位置的乐理规则。假设当前时刻的和弦内音为大三和弦 C_1^t, C_2^t, C_3^t，音乐生成网络选择的音符是 a_t。因为音乐的生成效果在满足此条规则和不满足此条规则的约束条件下是不同的，通过给定不同的奖励值来表示符合和不符合此规则下的音符选择。首先，对生成音乐的效果起最大作用的规则设置奖励值为 1 或 -1；然后，通过对比此规则和最强作用的规则，得到此规则下的奖励值 r^{c1}，可构建式 (5-73)。

$$r^{C_1}(s_{1:t}, a_t) = \begin{cases} 0.7, & a_t \in (C_1^t, C_2^t, C_3^t \,|\, t\%2 = 1) \\ 1, & a_t \notin (C_1^t, C_2^t, C_3^t \,|\, t\%2 = 1) \end{cases} \tag{5-73}$$

根据和声学的理论,不属于和弦结构内的音称为和弦外音。一般和弦外音是某一和弦音上方二度或下方二度的音。和弦外音是多声部音乐中的重要组成部分,仅有和弦内音会导致音乐的和声结构过于严谨而造成音响色彩单调。因此,和弦外音存在于各个声部中并与音乐的织体密切相关。虽然和弦外音能增强和声色彩和张力,但过多的和弦外音会严重影响音乐生成的和谐性,因此需要使长音、重拍上的音或尽可能多的音落在和弦内音上。鉴于和弦外音的作用和效果,和弦外音一般是指和弦结构变化后的和弦结构以外的音,它随着和弦的结构变化而变化。但过多的和弦外音可导致旋律偏离主线而不够和谐,因此在一个小节中和弦外音出现的次数不能超过一次。设生成网络在一个小节的弱拍位置选择音符 a_t 和 a_{t-2},和弦外音表示为 $-C_i^t$,和弦外音的数量表示为 i,根据限定和弦外音出现次数的乐理规则可构建如下公式:

$$r^{C_2}(s_{1:t}, a_t) = \begin{cases} \begin{cases} 0.4, & a_t \neq -C_i^t \\ -0.6, & a_t = -C_i^t \end{cases}, & a_{t-2} = -C_i^t \\ \begin{cases} 0, & a_t \neq -C_i^t \\ 0.4, & a_t = -C_i^t \end{cases}, & a_{t-2} \neq -C_i^t \end{cases} \tag{5-74}$$

首先,可借鉴数学中中位线的定义,专业作曲人士在创作音乐的时候会设置一条乐谱中的中位线;其次,中位线的音高可以用来筛选生成的音符满足其音高范围,这样便提高了作曲的效率和质量。中位线的选择与和弦进行相关,一般中位线都是和弦内音,通常选取距离中位线上下 6 个半音音程差的生成音符作为旋律音符。定义 a_t^m 为 t 时刻的中位线,并且可以随机选择 C_1^t, C_2^t, C_3^t 中的一个作为中位线 a_t^m。因此,根据此条规则构建式(5-75):

$$r^{C_3}(s_{1:t}, a_t) = \begin{cases} 0.2, & |a_t - a_t^m| \leqslant 6 \\ -0.3, & |a_t - a_t^m| > 6 \end{cases} \tag{5-75}$$

2. 风格规则奖励函数

通过采访一些专业作曲家并请教他们在音乐创作方面的实践经验,虽然每个音乐制作人的创作习惯和步骤流程都不尽相同,但他们都有一个共同的特点:为了让音乐从主观听感上更悦耳动听,更符合大众的听觉习惯和审美标准,他们创作音乐时并不是无章可循,而是遵循一定的乐理规则和常规方法。

本文在第 2 章介绍了乐理基础知识和音乐规则的数学表达，本章筛选出音乐理论中最常见的、最基本的一些音乐规则，推导出风格规则的数学表达，作为风格规则奖励函数以及 Critic 网络反馈给 Actor 网络新的奖励值。

音乐风格包括作曲家的风格、音乐流派的风格和音乐作品的风格。本文主要研究古典音乐这一音乐流派的风格，试验过程的数据预处理也是主要针对古典音乐数据集。广义的古典音乐是指在欧洲主流文化背景下开始创作的中世纪音乐。古典音乐风格的乐理规则对音乐的旋律有很强的约束作用，为了使网络学习到这些音乐规则，根据第 2 章介绍的音乐风格规则的数学表达，可构建古典音乐的风格规则奖励函数。

根据旋律的定义和特点，相同音符连续重复出现次数过多会影响音乐的律动性和流畅性。因此，根据音乐规则理论中关于旋律评估的数学表达，按照音符重复出现的次数不能超过 4 次的乐理规则，可构建式（5 - 76）。假设在当前 t 时刻音乐生成网络选择的音符为 a_t，则该奖励机制可以检测音符 a_t 之前生成的 3 个音符 $a_{t-1}, a_{t-2}, a_{t-3}$，即

$$r^{m_1}(s_{1:t}, a_t) = \begin{cases} -0.8, a_{t-1} = a_t \\ 0, a_{t-1} \neq a_t \end{cases}, a_{t-3} = a_{t-2} = a_{t-1} \qquad (5-76)$$

流行音乐和摇滚音乐需要强烈的音高变化，但是两个音符之间的音程差过大会使人有刺耳、不连贯的感觉。而古典音乐的风格特点是音高变化相对和谐、节奏较为舒缓，因此作曲家在创作古典音乐中尽量使相邻两个音之间的音程差小于八度。十二平均律音高记谱法的一个乐理规则是：音程之间相差 12 个半音为一个八度。根据该乐理规则可构建如下公式：

$$r^{m_2}(s_{1:t}, a_t) = \begin{cases} 0.2, if |a_t - a_{t-1}| \leq 12 \\ -0.7, if |a_t - a_{t-1}| > 12 \end{cases} \qquad (5-77)$$

在一首乐曲中，每个调式代表不同的情绪。在创作音乐时，作曲家需要预先确定可以为一段音乐中的音符选择一定的音域范围。如果生成的音符超过音域范围，就会使音乐生成的效果大大降低。因此，根据音乐规则理论中关于调性音阶的数学表达，一首音乐的最高音和最低音不能超过预先限定的音域范围，如式（5 - 78）所示，式中 $a_{\min}$ 和 $a_{\max}$ 分别为在一定音乐调式下预先设定好的最低音和最高音，即

$$r^{m_3}(s_{1:t}, a_t) = \begin{cases} 0.1, a_t \in [a_{\min}, a_{\max}] \\ -0.6, a_t \notin [a_{\min}, a_{\max}] \end{cases} \qquad (5-78)$$

结尾音符必须是该首乐曲的主音才能使生成的音乐更加稳定、饱满。根据调式音阶的定义，主音是一个音乐调式的核心音，例如 C 大调音乐的主音是 C。假设生成 C 大调的音乐，音乐的结尾音为 a_{end}，可根据此乐理规则，构建如下公式：

$$r^{m4}(s_{1:t}, a_t) = \begin{cases} 0.8, a_{\text{end}} = C \\ -0.6, a_{\text{end}} \neq C \end{cases} \tag{5-79}$$

古典音乐的完全和谐音程为纯一度、纯八度、纯四度和纯五度；不完全和谐音程为大三度、小三度、大六度和小六度；而不和谐音程是大二度、小二度、大七度和小七度。鉴于古典音乐对于和谐性的追求，生成该风格的音乐尽量增加完全和谐音程，减少不和谐音程。假设 $t-1$ 时刻生成的音符是 $a_{t-1} = C$，则可以用音高 $[C、F、G]$ 表示音高 C 的完全和谐音程，音高 $[D、B]$ 表示不和谐音程，可表示为

$$r^{m5}(s_{1:t}, a_t) = \begin{cases} 0.5, a_t \in [C, F, G] \\ -0.8, a_t \notin [D, B] \end{cases} \tag{5-80}$$

以上式（5-76）~式（5-80）是本节风格规则的量化公式。为了让音乐生成网络能够学习音乐理论知识，我们添加了风格规则奖励函数，使生成的音乐符合古典音乐风格的特点。

3. 状态价值奖励函数

我们不希望模型机械地仅根据风格规则及和弦进行选择音符，因此，我们需要建立状态价值奖励函数来提高模型的迭代能力，并使模型能够模拟创作音乐时作曲家的创造力和想象力。状态价值奖励函数中真实音乐数据的添加还可以用来评判当前生成音符对未来生成音符的影响，从而给行动器网络提供当前生成音符的合理性。

每个音符在生成策略中被选择的概率是不一样的，价值越大，生成被选择的每个音符的概率差异越大。如果在一个状态中每个音符的生成策略被选择的概率非常接近，我们定义这个状态是有价值的，生成的是真实数据；如果生成的音乐之间差距很多，我们认为状态毫无价值。因此，在一个状态中定义，状态价值是 Soft Max 层中一个音符被选中的概率的方差。在状态 $s_{1:t}$ 下，其中 p_i 表示一个音符被选中的概率，$i = 1, 2, \cdots, n$ 表示音符个数，$E_p E_p$ 表示该状态下音符被选中的概率的平均值，则可得到状态价值 $V(s_{1:t})$，即

$$V(s_{1:t}) \cong \frac{1}{n} \sum_{i=1}^{n} (p_i - E_p | S = s_{1:t})^2 \tag{5-81}$$

本章在相同的试验环境中训练两个长短时记忆网络构成了状态价值奖励函数，其结构如图 5 – 16 所示。

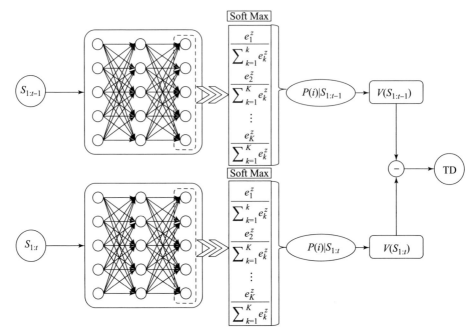

图 5 – 16　状态价值奖励函数的建立过程

我们分别从行动器网络中提取当前时刻的状态，然后在选择音符后输入一个新的状态，形成这个奖励函数。根据输入状态两个长短时记忆网络将各自的状态值进行反馈，评判器网络根据两个状态值的差值评判行动器网络生成的音符是否正确。在训练风格控制模型期间，为了让网络更好地学习真实的音乐数据，需保持两个长短时记忆网络的参数不变。设状态之间的差值用 TD($s_{1:t-1}$, $s_{1:t}$) 表示，奖励系数表示为 ε，可推导出如下公式：

$$\mathrm{TD}(s_{1:t-1}, s_{1:t}) = \varepsilon[V(s_{1:t}) - V(s_{1:t-1})] \tag{5 – 82}$$

本章加入状态价值奖励函数，把状态价值奖励函数的反馈分数看作是 TD($s_{1:t-1}$, $s_{1:t}$)，不仅提高了模型的创造性，也提高了音乐生成的质量。

5.4.2.3　模型更新

有了上述奖励函数后，下一步就是使用这些奖励来调整风格控制模型的生成策略。我们的主要目的是增加在当前状态下选择奖励较大的音符的可能性，并减少在当前状态下选择奖励较小的音符的可能性，目标是获得最大的奖励值。我们试图改进强化学习中的策略梯度算法，以便将其应用于我们的音乐生成网络。如第 2 章所述，策略梯度算法是强化学习中的一种不通过误差进行反向传播的算法，基于策略梯度算法比基于动作价值函数算法有更强的收敛保证。策略梯度算法通过观察环境选择动作，从而进行直接的反向传播，并利用奖励来增强或减少选择动作的可能性。好的行动会增加下次被选中的概率，坏的行动会减少下次被选中的概率。本研究借用强化学习让智能体不停试错的更新方式建立目标函数：从状态 s_0 开始行动器网络生成一组音符序列，最大化其期望的最终回报。根据策略梯度算法，本章用 $G_{\theta_A}(a_t \mid s_{1:t-1})$ 表示行动器网络的生成策略，θ_A 为行动器网络的网络参数，$r^{G_{\theta_A}}(s_{1:t-1}, a_t)$ 为评判器网络根据当前音符反馈的总奖励值。我们的目标是让生成策略 $G_{\theta_A}(a_t \mid s_{1:t-1})$ 从起始状态 s_0 生成一系列音符，最大程度地提高其预期的最终回报，可以得到如式（5-83）所示的目标函数：

$$L(\theta_A) = \mathbb{E}\left[r^{G_{\theta_A}} \mid s_0, \theta_A \right] = \sum_{a_1 \in A} G_{\theta_A}(a_1 \mid s_0) * r^{G_{\theta_A}}(s_0, a_1) \qquad (5-83)$$

和弦进行总奖励函数和风格规则总奖励函数分别表示为式（5-84）和式（5-85）：

$$r^{cs}(s_{1:t-1}, a_t) = \sum_{i=1}^{3} r^{ci}(s_{1:t-1}, a_t) \qquad (5-84)$$

$$r^{ms}(s_{1:t-1}, a_t) = \sum_{j=1}^{5} r^{mj}(s_{1:t-1}, a_t) \qquad (5-85)$$

由（5-84）、式（5-85）式和式（5-86），可得总奖励值 $r^{G_{\theta_A}}(s_{1:t-1}, a_t)$，即

$$r^{G_{\theta_A}}(s_{1:t-1}, a_t) = r^{cs}(s_{1:t-1}, a_t) + r^{ms}(s_{1:t-1}, a_t) + TD(s_{1:t-1}, s_{1:t}) \qquad (5-86)$$

行动器网络在训练过程中每获得一次奖励，其网络参数都会根据奖励值进行更新。为了得到长期回报的最大值，本章采用基于策略梯度的方法来优化策略参数，因此，可以定义目标函数 $L(\theta_A)$ 关于行动器网络参数 θ_A 的梯度为

$$\nabla_{\theta_A} L(\theta_A) = \sum_{t=1}^{T} E_{s_{1:t-1} \sim G_{\theta_A}}\left[\sum_{a_1 \in A} \nabla_{\theta_A} G_{\theta_A}(a_t \mid s_{1:t-1}) * R^{G_{\theta_A}}(s_{1:t-1}, a_t) \right]$$

$$(5-87)$$

使用似然比，可以将式（5-87）转换成一个无偏估计公式：

$$\nabla_{\theta_A} L(\theta_A) \cong \sum_{t=1}^{T} E_{a_t \sim G_{\theta_A}(a_t \mid s_{1:t-1})} \left[\sum_{a_1 \in A} \nabla_{\theta_A} \log G_{\theta_A}(a_t \mid s_{1:t-1}) * R^{G_{\theta_A}}(s_{1:t-1}, a_t) \right]$$

$$(5-88)$$

利用以上公式，我们可以按式（5-89）更新行动器网络的参数：

$$\theta_A + \alpha \nabla_{\theta_A} L(\theta_A) \to \theta_A \qquad (5-89)$$

构建完成上述公式后，为达到我们的预期目标更新风格控制模型参数，该音乐生成网络通过学习和弦进行和风格规则来约束音符的选择，从而控制音乐生成的风格。

5.5 多音轨生成

5.5.1 多模态 Transformer 模型

5.5.1.1 整体架构

本章提出一种多模态 Transformer 模型，用于对未对齐的多乐器轨（可视为多模态）序列进行建模。在高层次上，该模型通过多方向跨模态 Transformer 的前馈融合过程来合并多模态时间序列。具体来说，每个跨模态 Transformer 通过学习两个模态特征之间的注意力，用另一个源模态的低级特征来重复强化目标模态。因此，多模式体系结构用这种跨模态 Transformer 对所有模态对进行建模，随后是序列模型（如自注意力 Transformer），使用融合的特征进行预测。

我们主要选取 3 种乐器轨序列：钢琴、吉他和弦乐。如图 5-17 所示，用 $X_{\{p,g,s\}} \in \mathbb{R}^{T_{\{p,g,s\}} \times d_{\{p,g,s\}}}$ 表示这 3 个音轨的输入特征序列及其维数。有了这些符号，本章将更详细地描述多模态 Transformer 的组成以及跨模态注意的应用。

1. 时间卷积

为了确保输入序列的每个元素对其邻域元素有足够了解，我们将输入序列通过 1D 时间卷积层：

$$\hat{X}_{\{p,g,s\}} = Conv1D(X_{\{p,g,s\}}, k_{\{p,g,s\}}) \in \mathbb{R}^{T_{\{p,g,s\}} \times d} \qquad (5-90)$$

式中：$k_{\{p,g,s\}}$ 为音轨 $\{p,g,s\}$ 的卷积核的大小；d 为公共维数。卷积序列预期包

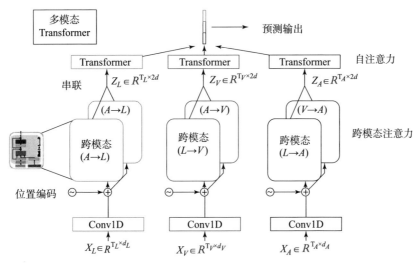

图 5 - 17　多模态 Transformer 整体架构图

含序列的局部结构，因为序列是以不同的采样率收集的。另外，由于时间卷积将不同模态的特征投影到同一维度 d，因此点积在跨模态注意力模块中是可接受的。

2. 位置嵌入

为了使序列能够携带时间信息，我们将位置嵌入（PE）增加到 $\hat{X}_{\{p,g,s\}}$，即

$$Z^{[0]}_{\{p,g,s\}} = \hat{X}_{\{p,g,s\}} + \mathrm{PE}(\mathrm{T}_{\{p,g,s\}},d) \qquad (5-91)$$

式中：$\mathrm{PE}(\mathrm{T}_{\{p,g,s\}},d) \in \mathbb{R}^{\mathrm{T}_{\{p,g,s\}} \times d}$ 为每个位置索引计算（固定）嵌入；$Z^{[0]}_{\{p,g,s\}}$ 为不同模态的低级位置的感知特性。

3. 跨模态 Transformer

基于跨模态注意力，我们设计了跨模态 Transformer，使一个模态能够从另一个模态接收信息，用 " $p \rightarrow g$ " 表示钢琴音轨信息传递给吉他音轨信息的示例。我们将每个跨模态注意力模块的所有维度 $d_{\{\alpha,\beta,k,v\}}$ 固定为 d。每个跨模态 Transformer 由 D 层跨模态注意力模块组成。

在这个过程中，每个乐器轨通过来自多头跨模态注意力模块的低级外部信息不断更新其序列。在跨模态注意力模块的每一级，来自源模态的低电平信号被转换成不同的一组键/值对，以与目标模态交互。从经验上来说，我们发现跨模态 Transformer 学会了关联不同音轨有意义的元素，最终的多乐器轨生成是基于对每一对音轨两两交互的建模。因此，利用 3 种乐器轨（即钢琴、吉他、

弦乐），我们总共有 6 个跨模态 Transformer。

5.5.1.2 对齐问题

在对未对齐的多乐器轨序列建模时，多模态 Transformer 依赖于跨模态注意力模块来对齐多乐器轨的信号。虽然多乐器轨序列在训练前数据预处理时已经手动对齐到相同的长度，但我们注意到多模态 Transformer 通过一个完全不同的视角来看待不对齐的问题。具体来说，对于多模态 Transformer，多模态元素之间的相关性完全基于注意力。换言之，多模态 Transformer 不会简单地通过对齐来处理模态不对齐；相反，跨模态注意力鼓励该模型直接关注其他模态中存在强信号或相关信息的元素。因此，多模态 Transformer 能够以传统校准无法轻易揭示的方式捕捉远程跨模态突发事件。另外，经典的跨模态对齐可以表示为特殊的跨模态注意矩阵。

5.5.2 网络模型设计

多音轨音乐的生成是一项比较复杂的工程，如果想要得到一首听起来既悦耳又和谐的作品，我们需要考虑很多方面，如音轨的表示方法、学习不同音轨之间的关系、各个音轨的预测及不同音轨的融合等。为了解决这些问题，本研究提出了多音轨音乐生成（MTMG）模型。该模型不仅能够很好地学习不同音轨之间的关系，还能够生成具有节奏性的多音轨音乐作品。该模型架构如图 5 – 18 所示，该模型分 3 部分：数据预处理、学习网络及生成网络。

5.5.2.1 数据预处理

首先，为了使模型的学习变得简单，且保证按照小节的最小量化单位分割获得的段落符合音乐规律，需要对 MIDI 文件进行初步过滤，只保留拍号在整首曲子中恒定不变，且为 4/4 拍的乐曲，以保证样本遵循以四分音符为一拍、每小节四拍的规则。为便于下一步对样本进行时间维度的量化，可以将每个四分音符在时间维度上分解为 4 个十六分音符。接下来，对通过第一步过滤的乐曲，进行时间离散化操作，即采用一定的时间分辨率，在时间维度对 MIDI 文件进行采样，以便之后将其转换为可被神经网络直接处理的矩阵形式。本试验采用十六分音符作为音符时值的最小单位，即一个小节包含 16 个时间步，每

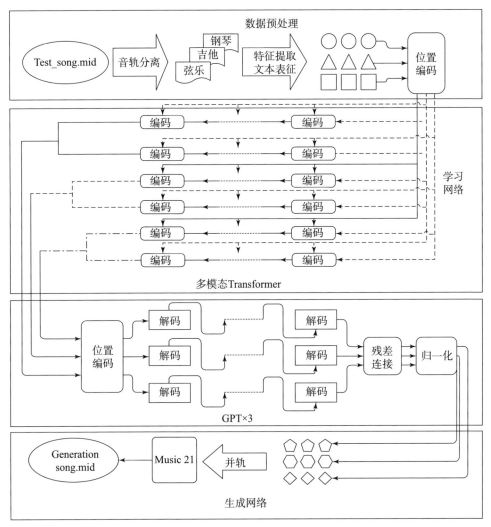

图 5-18　MTMG 网络架构

个音符持续时间的最小单位为十六分音符。

　　其次，进行分轨与并轨操作，如图 5-19 所示。对于 MIDI 格式的符号音乐，每个 MIDI 文件可视为一首歌曲的总谱，同时包含这首歌曲涉及的所有乐器在每一个时刻演奏的音高、力度以及音色信息。一首乐曲往往同时含有多种乐器，且每种乐器的数量可能不止一个。由于在 MIDI 协议中，不同的乐器音色对应不同的编号，可采用 pretty_midi 对每一个 MIDI 文件遍历其包含的每一个乐器对象，从而容易地获得其每个乐器对应的音轨信息。通过对这些音轨的编号进行筛选，判断出属于同种乐器演奏的音轨，并将同种乐器演奏的音轨进行合并。本试验合并成了 3 种乐器演奏的音轨：即钢琴、吉他和弦乐。

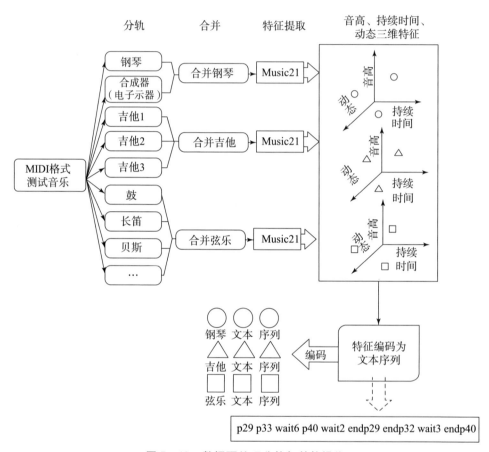

图 5 - 19　数据预处理分轨与并轨操作

最后，使用 MIT 的 Music21 对 3 种音轨的音高、持续时间及动态 3 种特征进行结构和提取，并通过 Notewise 的方法对音高、持续时间及动态进行文字描述并转换成文本序列；接着将编码的文本数据批处理为 512 个字符的序列以进行训练。

音乐生成成功的最重要因素之一是我们选择将 MIDI 文件编码为文本格式。MIDI 文件提供了每个音符音高、持续时间及节奏（还包含有关乐器的信息，音量等）。这些音符事件可以在任意时间发生，一次可以播放任意数量的音符。我们都可以通过 Notewise 软件记录有关 MIDI 文件格式的更多信息，如图 5 - 20 所示的文本表征。Notewise 是一种提供音频录制解决方案的软件，具有自动注释和记录的功能，能够将从音频所提取到的特征转化成文本的形式。

> p29 p33 wait6 p40 wait2 endp29 endp33 wait3 endp40

图 5 - 20　文本表征（钢琴部分）

5.5.2.2　学习网络

由图 5 - 18 可知，3 种乐器轨道的学习网络是由 3 个跨序列注意力（Cross - track transformer）模块组成，通过跨序列注意力进行两两交互（即将同一时刻的向量值进行求和平均，得到的向量即为学习不同乐器轨信息后的向量，若被学习向量为 0，则学习后对向量仍为原向量）。跨序列注意力是由 5 层相同的编码子层组成，该编码层的核心是 CROSS - TRACK ATTENTION 模块。我们首先介绍 CROSS - TRACK ATTENTION 模块，然后详细介绍多乐器轨结构的各个组成部分，如图 5 - 21 所示。

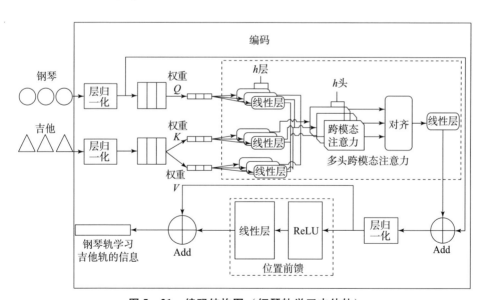

图 5 - 21　编码结构图（钢琴轨学习吉他轨）

1. 多头跨序列注意力

我们在此讨论两种乐器轨，即钢琴轨和吉他轨。吉他轨为学习目标，钢琴轨学习吉他轨的特征，如图 5 – 21 所示，分别表示为 $X_p \in R^{T_p \times d_p}$、$X_g \in R^{T_g \times d_g}$、$X_p \in R^{T_g \times d_g}$。$T_{(.)}$ 和 $d_{(.)}$ 分别表示序列长度和特征维度。然后我们通过改进一个自注意力来学习不同乐器轨信息，即一种乐器轨学习另一种潜在乐器轨的信息。

定义查询为 $Q_p = X_p W_{Q_p}$，键值对分别为 $K_g = X_g W_{K_g}$ 和 $V_g = X_g W_{V_g}$，其中 $W_{Q_p} \in R^{d_p \times d_k}$、$W_{K_g} \in R^{d_g \times d_k}$ 和 $W_{V_g} \in R^{d_g \times d_v}$ 是权重。从潜在乐器轨吉他到钢琴的 Cross – track attention 可表示为

$$Z_{g \to p} = CT_{g \to p} \text{attention}(X_p, X_g) = softmax\left(\frac{Q_p K_g^{\mathrm{T}}}{\sqrt{d_k}}\right) V_g \qquad (5-92)$$

此时，X_p 只是多头 Cross – track attention 中的一个，类似自注意力。然后，将多个跨序列注意力进行拼接，并进行线性激活得到 Multihead(h)，公式如下：

$$\text{Multihead}(h) = W[\text{head}_1, \text{head}_2, \text{head}_h] \qquad (5-93)$$

$$\text{head}_h = CT_{\text{attention}}(Q_p, K_g, V_g) \qquad (5-94)$$

2. 跨序列注意力

由图 5 – 18 的学习网络可以看到，3 种乐器轨需要 3 个 Cross – track transformers 模块，当钢琴轨为学习目标，弦乐轨和吉他轨为被学习目标时，我们需要两层如图 5 – 21 所示的编码网络，每层包含 6 个子层编码网络。一层用于钢琴轨学习吉他轨的信息，见式（5 – 95）；一层用于钢琴轨学习弦乐轨的信息，见式（5 – 96）。其中 $\hat{Z}_{p \to g}^{[i]}$ 为钢琴学习吉他，经过第 i 层多头 Cross – track attention 的输出序列，$i = \{1, 2, \cdots, 6\}$。

得到多头跨序列注意力后，为了使输出序列与输入序列维度相同，需要将输出序列进行层归一化，并将其作为前馈子层的输入；与归一化后的输出序列进行残差连接，进一步得到进行第 i 层编码后的输出序列 $Z_{p \to g}^{[i]}$ 和 $Z_{p \to s}^{[i]}$，见式（5 – 97）、式（5 – 98）。

$$\hat{Z}_{p \to g}^{[i]} = CT_{p \to g}^{[i]}(LN(Z_{p \to g}^{[i-1]}), LN(Z_p^{[0]})) + LN(Z_{p \to g}^{[i-1]}) \qquad (5-95)$$

$$\hat{Z}_{p \to s}^{[i]} = CT_{p \to s}^{[i]}(LN(Z_{p \to s}^{[i-1]}), LN(Z_p^{[0]})) + LN(Z_{p \to s}^{[i-1]}) \qquad (5-96)$$

$$Z_{p \to g}^{[i]} = f_{\theta_{p \to g}^{[i]}}(LN(\hat{Z}_{p \to g}^{[i]})) + LN(\hat{Z}_{p \to g}^{[i]}) \qquad (5-97)$$

$$Z_{p \to s}^{[i]} = f_{\theta_{p \to s}^{[i]}}(LN(\hat{Z}_{p \to s}^{[i]})) + LN(\hat{Z}_{p \to s}^{[i]}) \qquad (5-98)$$

最后，将 $Z_{p \to g}^{[i]}$ 和 $Z_{p \to s}^{[i]}$ 进行拼接得到包含吉他轨和弦乐轨信息的钢琴轨序列

Z_p，见式（5 - 99）。类似计算可以得到吉他轨序列 Z_g 和弦乐轨序列 Z_s。

$$Z_p = C_{oncat}(Z_{p \to g}^{[i]}, Z_{p \to s}^{[i]}) \qquad (5 - 99)$$

5.5.2.3 训练网络

为了提高不同乐器轨之间的依赖关系以及准确地预测出下一时刻的音符，本研究提出了一个训练网络，其结构如图 5 - 22 所示。

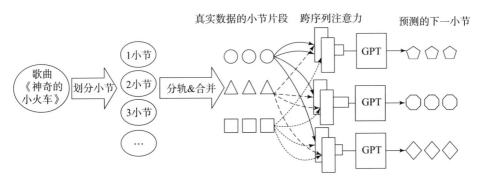

图 5 - 22 训练网络结构示意图

该训练网络采用了 Teacher Forcing 训练方法。该方法首先经过数据处理，将乐曲转换成按小节划分的具有 3 种乐器的 MIDI 文件；然后对 3 种乐器的 MIDI 文件进行特征提取，并用文本表征其特征；接着使用跨序列注意力模型两两学习乐器间的特征信息；最后通过 GPT 预测出下一个小节。但是无论预测出的小节是否和真实的小节相同，都以真实值作为预测下一小节的输入，进而通过交叉熵计算损失的方法（式（5 - 100））计算损失函数 $L(\theta)$，通过梯度优化更新参数 θ（式（5 - 101））达到快速有效的对模型进行优化。

$$L(\theta) = - [b \log b' + (1 - b) \log(1 - b')] \qquad (5 - 100)$$

$$\theta = \theta - \varepsilon \nabla \theta \qquad (5 - 101)$$

式中：b 为下一时刻真实字符；b' 为下一时刻预测到的字符；$L(\theta)$ 为损失函数；ε 为学习率；$\nabla \theta$ 为目标函数梯度。

5.5.2.4 生成网络

在学习完不同乐器轨的信息后，我们根据学习到的乐器轨之间的信息对音乐进行生成。在生成网络中，我们用了 3 个 GPT 模型，根据在训练中所学习到的信息分别对 3 种乐器轨序列进行预测，生成 3 个彼此具有依赖性的钢琴轨序列、吉他轨序列和弦乐轨序列；然后通过 Music21 模块对这 3 个乐器轨序列进行融合，并输出格式的 MIDI 多轨音乐片段。

1. GPT 模型

GPT 模型是在 Transformer 模型的基础之上进行改进的生成式预训练模型，可用于文本预测和任务分类等。GPT 模型删除了 Transformer 模型中的编码器模块和交叉注意机制，因此它可以更有效地执行无监督的任务。

在该生成网络中，我们构建了一个由 6 个子网络层组成的 GPT 模型，如图 5 – 23 所示。它包括一个嵌入层、6 个解码器模块、一个线性层和一个 Softmax 层，它将为我们返回下一个预测字符的概率。每个解码器模块包括 8 个具有 256 维状态的自注意力和 1 024 维内部状态的前馈层。GPT 模型不仅摆脱了循环神经网络（RNN）和长短时记忆网络（LSTM）等神经网络的复杂性，还加强了序列间的依赖性。

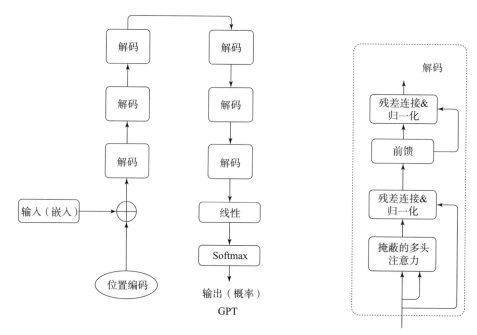

图 5 – 23　GPT 模型结构图

掩蔽的多头注意力是解码器模块的核心，其作用是为了对句子中的每个词（包括自己在内的前面所有词）进行注意。位置编码为每个输入的词向量叠加固定的一个向量以指示其位置。经过 6 层的解码模块后，将注意力值输入线性层和 softmax 层，即可得到下一字符的概率，进而预测得到下一字符。由于 GPU 模型的限制，每个序列最多只能生成 512 个字符，因此，该模型在进行预测的时候生成了均为 512 个字符的 3 个乐器轨序列。

2. 多乐器轨合并

首先通过生成网络预测出每个乐器轨的序列，得到长度相同的 3 种乐器轨序列，并以 MIDI 的格式输出；之后是将 3 种单音乐器轨的 MIDI 文件通过 Music21 进行合并；最后生成与真实的多轨音乐相似的 MIDI 片段，如图 5 – 24 所示。

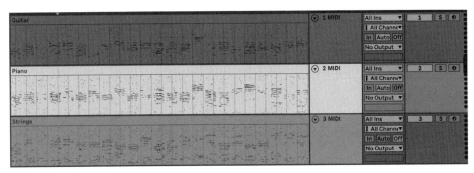

图 5 – 24 生成的 MIDI 音乐片段

Music21 是用于计算机辅助音乐学的 Python 工具包。人们可以使用 Music21 通过计算机来回答音乐学中的问题，研究大型音乐数据集，生成音乐示例，编辑音乐符号。无论是从算法还是直接角度研究音乐和大脑以及创作音乐，使用该工具包可以大致了解一个音乐作品的整体概况。

第6章
ChatGPT 的核心技术及应用场景

6.1　ChatGPT 的核心技术——RLHF

基于人类反馈的强化学习（Reinforcement Learning from Human Feedback，RLHF），即使用强化学习的方法，利用人类反馈信号直接优化生成模型。

RLHF 的原理：收集一个大的、高质量的人类比较数据集，训练一个模型来预测人类偏好的摘要，并使用该模型作为奖励函数，使用强化学习（RL）来微调摘要策略。

RLHF 的核心原理是使用奖励学习，根据人类反馈微调生成模型。先收集人类偏好数据集，然后通过监督学习训练奖励模型（RM）以预测人类偏好的音乐生成，最后通过强化学习来训练策略，以最大化 RM 给出分数。策略在每个"时间步"生成音符标记，并基于对整个生成的音乐的 RM 奖励使用强化学习算法如近端策略优化（Proximal Policy Optimization，PPO）算法进行更新；之后使用生成的策略中的样本收集更多的人类数据，并重复该过程。具体步骤如下：

阶段1：预训练生成模型。

选择一个经典的预训练语言模型作为初始模型。例如，OpenAI 在其第一个 RLHF 模型 Instruct GPT 中用的小规模参数版本的 GPT-3；Deep Mind 则使用了 2 800 亿参数的 Gopher 模型。这些语言模型往往见过大量的输入提示（Prompt，Text）对，输入一个 Prompt（提示），模型往往能输出还不错的一段文本。另外，预训练模型可以在人工精心撰写的语料上进行微调。预训练模型如图 6-1 所示。

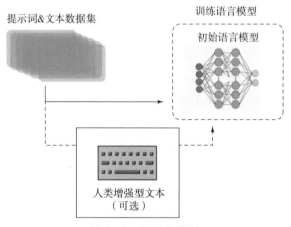

图 6-1　预训练模型

ChatGPT 使用了基于 Transformer 架构的神经网络模型进行预训练。这种模型利用了自注意力机制（self-attention）来对输入文本中的不同位置之间的依赖关系进行建模，它可以同时处理长距离的依赖关系，并且在生成文本时能够更加准确地考虑上下文信息。预训练语言模型通常在大规模文本数据上进行训练，如互联网上的大量文本、书籍、文章等。通过对这些数据进行大规模的训练，预训练语言模型可以学习到丰富的语言知识，包括词汇、句法、语义和上下文关联等。在 ChatGPT 中，预训练语言模型经过了大量对话型数据的训练，以使其具备在对话场景中生成连贯、有意义的回复的能力。这使 ChatGPT 能够理解用户输入的问题或请求，并生成合适的回复。需要注意的是：ChatGPT 只能生成文本，并没有真实的理解和认知能力；其回复是基于预训练语言模型对大量文本数据的统计学习得出的结果。

阶段2：主要包括收集人类反馈和训练奖励模型两个步骤。

（1）收集人类反馈。利用阶段 1 预训练好的生成模型生成不同的音乐对，将其发送给人类标注员；人类标注员对生成的模型进行打分。由于人类标注员不同，打分的偏好会有很大的差异（如同样一段精彩的音乐，有人认为可以打 8 分，但有人认为只能打 5 分），而这种差异就会导致出现大量的噪声样本。因此，可以让标注员对生成的音乐进行排序，降低打分的主观性。

（2）从人类的比较中学习奖励模型。一个奖励模型（RM）的目标是刻画模型的输出是否在人类看来表现不错。即：输入提示（Prompt），模型生成音乐；输出一个刻画音乐质量的标量数字。奖励模型结构如图 6 – 2 所示。

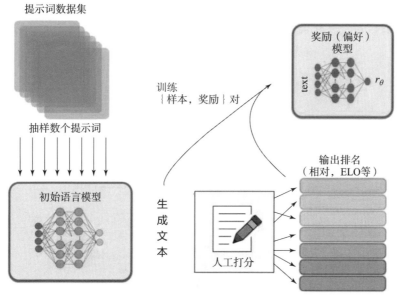

图 6 – 2　奖励模型结构

奖励模型可以基于人工设计的评估指标，也可以通过与人类专家进行比较自动生成奖励信号。奖励模型根据生成模型的输出进行评估，并为其赋予奖励或惩罚，从而引导生成模型生成更好的结果。在对话生成任务中，如 ChatGPT 生成对话回复，奖励模型可以为生成的对话回复进行评估和奖励。例如，可以设计一个奖励模型，通过与人类专家生成的对话回复进行比较，来衡量生成模型生成的对话回复的质量。奖励模型可以根据一些预定义的评估指标，如用回复的流畅度、相关性、逻辑性等来评估对话回复的质量，并为高质量的回复赋予正向奖励，为低质量的回复赋予负向奖励。通过使用奖励模型，生成模型可以在训练过程中受到奖励或惩罚，从而优化其生成结果。

阶段 3：根据奖励模型使用强化学习对生成模型进行优化。

将初始生成模型的微调任务建模为强化学习（RL），因此需要定义策略（policy）、动作空间（action space）和奖励函数（reward function）等基本要素。奖励函数是基于训练好的 RM 模型，配合一些策略层面的约束进行的奖励计算。从预先收集的数据集中采样 prompt 输入，同时送进初始的生成模型和当前训练中的模型，得到两个模型的输出音乐；然后用奖励模型 RM 对两个模型的输出音乐打分，判断谁更好。打分的差值可以作为训练策略模型参数的信号，这个奖励信号就反映了文本整体的生成质量。基于奖励，根据 PPO 算法更新模型参数。强化学习微调语言模型如图 6-3 所示。

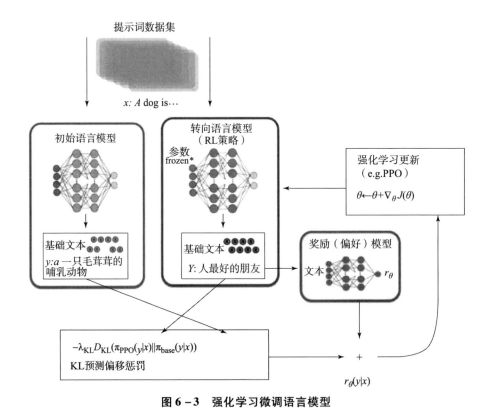

图 6-3　强化学习微调语言模型

根据以上阶段，完全可以迭代的方式更新奖励模型和策略模型，奖励模型对模型输出质量的刻画越加精确，策略模型的输出则越能与初始模型拉开差距，使得输出的音乐变得越来越符合人的认知。

6.2　ChatGPT 的应用场景

ChatGPT 吸引了跨领域的兴趣，因为它提供了一个跨多个领域的具有卓越会话能力和推理能力的语言界面。由于 ChatGPT 受过语言训练，它目前无法处理或生成各种格式（如 midi 格式、audio 格式）的音乐，也不能生成或者处理视觉层面的图像。但是，基于 ChatGPT 并结合多种音乐和图像的基础模型，可以使 ChatGPT 生成和处理音乐和图像。

6.2.1　音乐 ChatGPT

音乐 ChatGPT 是将 ChatGPT 与不同的音乐基础模型相结合构建的系统，使用户能够通过以下方式与 ChatGPT 进行交互：①发送和接收语言；②提供复杂的音乐相关问题或音乐编辑指令；③提供反馈并要求纠正结果。音乐 ChatGPT 为借助音乐基础模型研究 ChatGPT 在音乐领域的角色打开了大门。

为了弥合 ChatGPT 和音乐基础模型之间的差距，需要构建一个提示词管理器。提示词管理器的功能主要是明确地告诉 ChatGPT 每个音乐基础模型的作用，并指定输入输出格式。在提示词管理器的帮助下，ChatGPT 可以利用这些音乐基础模型并以迭代的方式接收用户的反馈，直到满足用户的要求或达到结束条件。提示词管理器主要包括 3 部分。

1. 系统规则管理器

音乐 ChatGPT 是一个集成不同音乐基础模型以生成音乐并处理音乐信息的系统。为了实现这一点，需要定制一些系统原理，然后将其转换为 ChatGPT 能够理解的提示。

2. 音乐基础模型提示词管理器

音乐 ChatGPT 配备了多个音乐基础模型来处理各种问题。音乐基础模型提示词管理器专门定义了以下方面，以帮助音乐 ChatGPT 准确理解和处理 VL 任务。

（1）"名称提示"为每个音乐基础模型提供了整体功能的摘要。

（2）"用法提示"描述了应该使用音乐基础模型的特定场景，例如，MMT模型适用于生成多轨音乐。

（3）"输入和输出提示"概述了每个音乐基础模型所需的输入和输出格式。

3. 音乐基础模型输出管理器

对于来自不同音乐基础模型的中间输出，音乐 ChatGPT 将隐式地对其进行汇总并将其提供给 ChatGPT 以进行后续交互，即调用其他音乐基础模型进行进一步操作，直到满足用户的要求或达到结束条件。

如图 6-4 所示，用户输入一个复杂的语言指令："请生成一首由钢琴、吉他和弦乐弹奏的具有浪漫主义色彩的爵士音乐，提取出钢琴、吉他和弦乐的音轨，并将爵士乐转换成古典风格的音乐。"在提示词管理器的帮助下，音乐 ChatGPT 启动了相关音乐基础模型的执行链。首先利用 MMT 来生成多轨音乐，然后利用音频处理模型提取出钢琴、吉他和弦乐对应的音轨，之后利用基于生成对抗网络的风格转移 Chat GAN 模型来将该音乐的风格改变为古典风。在上述过程中，提示词管理器通过提供可视格式类型并记录信息转换过程，充当 ChatGPT 的分派器。最后，当 ChatGPT 从提示词管理器获得"古典"的提示时，将结束执行过程并显示最终结果。

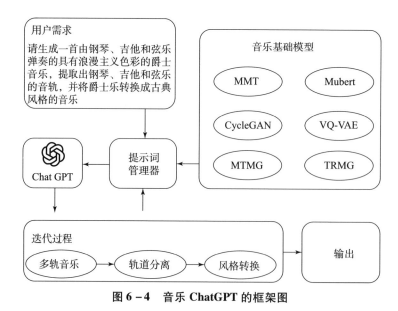

图 6-4　音乐 ChatGPT 的框架图

以下是音乐 ChatGPT 的生成和处理音乐的一些对话案例。用户输入文本和音乐相关的问题，音乐 ChatGPT 使用文本和音乐对其作出回应。对话包括音乐的生成、处理以及对音乐相关问题的讨论，使用多个基本模型进行处理。

图 6-5 为用户发生语言指令，音乐 ChatGPT 生成音乐波形和音频信号的全过程。

请制作一段浪漫的爵士乐，由钢琴、吉他和弦乐演奏。

（a）

（b）

使用VQ-VAE生成音频信号。

（c）

（d）

图 6 - 5　用户指令和音乐波形、音频信号

（a）用户发出指令；（b）音乐 Chat GDT 生成音乐波形；

（c）用户发出指令；（d）音乐 Chat GDT 生成音频信号

图 6 - 6 为指令和旋律、音轨图。

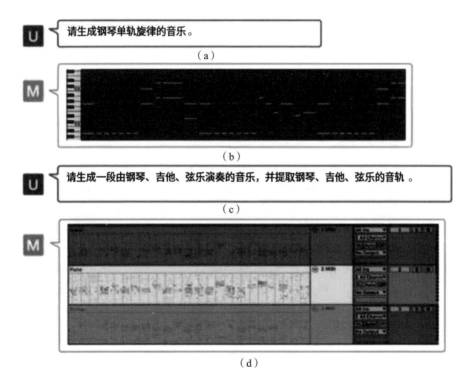

请生成钢琴单轨旋律的音乐。

（a）

（b）

请生成一段由钢琴、吉他、弦乐演奏的音乐，并提取钢琴、吉他、弦乐的音轨。

（c）

（d）

图 6 - 6　指令和旋律、音轨图

（a）用户发出指示；（b）音乐 ChatGPT 生成单声道钢琴旋律；（c）用户发出指令；

（d）钢琴、吉他和弦乐产生的多声道音乐曲目音轨

图 6-7 为用户与音乐 ChatGPT 之间的对话。在对话中，音乐 ChatGPT 可以生成音乐波形并提供简短的解释。

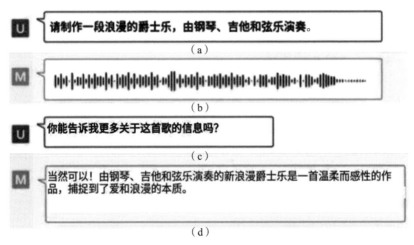

图 6-7 用户与音乐 ChatGPT 之间的对话

（a）用户发出指令；（b）音乐 ChatGPT 生成音乐波形；

（c）用户提出请求；（d）音乐 ChatGPT 指供解释

图 6-8 为音乐风格转换。单轨钢琴音乐从爵士乐转换到古典风格。

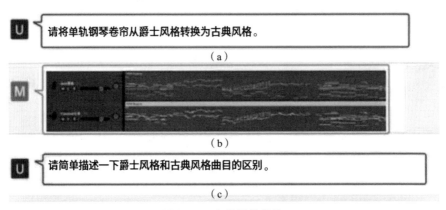

图 6-8 音乐风格转换

（a）用户发出指令；（b）音乐 ChatGPT 生成乐曲音轨；（c）用户提出请求

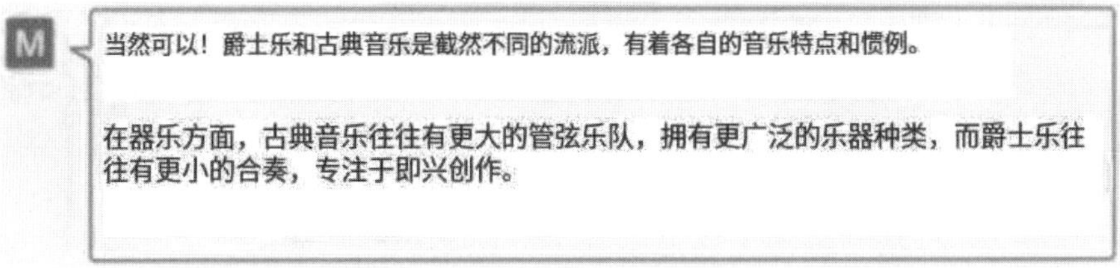

> Ⓜ　当然可以！爵士乐和古典音乐是截然不同的流派，有着各自的音乐特点和惯例。
>
> 在器乐方面，古典音乐往往有更大的管弦乐队，拥有更广泛的乐器种类，而爵士乐往往有更小的合奏，专注于即兴创作。

（d）

图 6 - 8　音乐风格转换（续）

（d）音乐 ChatGPT 提供解释

音乐 ChatGPT 是一个结合了不同音乐基础模型的开放系统，使用户能够在多模态环境下与 ChatGPT 进行交互，生成并处理音乐各种问题。提示词管理器帮助将音乐信息转换为 ChatGPT 能够理解的格式，从而实现利用 ChatGPT 解决音乐领域的问题。

6.2.2　绘画 ChatGPT

绘画 ChatGPT 是一个通过新兴的 ChatGPT 系统与 DALL - E2 相互作用创造出全新的非遗年画的系统。以老上海月份牌这种传统商业美术年画为例，在该系统中，用户可以通过多种方式与 ChatGPT 进行人机交互，最终系统"画"出相关的传统年画。该系统工作的方式如下：

（1）与 ChatGPT 进行对话，通过对话获取关于目标年画的一段细节的描述。

（2）ChatGPT 通过该段描述，总结出相应的提示词。

（3）输入多维度细节提示词（如五官、衣着、背景、身体比例等），利用 DALL - E2 模型生成相应的年画。

（4）引进一种评价系统，对于生成的画进行评分，筛选出生成效果较好的提示词，提供反馈信息并提出指令修改完善进行输出。

为了提高 ChatGPT 工作效率与生成的准确性，引入了一个提示词管理器（Prompt Manager）。该提示词管理器有如下功能：

（1）将图片的各种信息与特征提取出来，总结归纳出相关提示词，并进一步转换成自然语言的形式，增强 ChatGPT 对其理解度。

（2）将多元化图像基础模型（Image Foundation Models，IFM）的背景、优点和局限性进行处理与整合。

（3）提示词管理器作为系统的核心部分，指导 ChatGPT 利用提示词并选择不同的模型并接收它们的反馈，找到最符合用户目的需求并进行输出。

如图 6-9 所示，用户通过与聊天 GPT 对话之后总结归纳出一些关键词，然后输入了一个复杂的语言指令："请根据这些关键词生成一幅图片，然后让它提取环境、人物等要素，一步一步地提取并绘出一幅新的画——传统老上海月份牌年画。"在提示词管理器的帮助下，绘画 ChatGPT 启动了一系列抽取生成转化的模式链。首先，用户与 ChatGPT 通过语言对话总结归纳出提示词；其次，绘画 ChatGPT 根据提示词生成普通图片，再截取重要的元素整合为一幅年画。在上述过程中，提示词管理器记录信息转化过程，起到了十分重要的作用。最后，当绘画 ChatGPT 从提示管理器获得"形式转换"提示时，它将结束流程并输出用户所提出的目标图画。

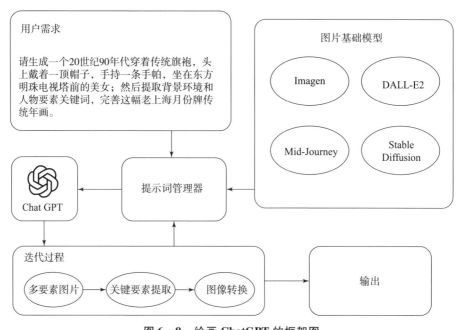

图 6-9　绘画 ChatGPT 的框架图

【案例 1】

绘画 ChatGPT 生成老上海月份牌年画

Q1：请介绍一下老上海月份牌年画。

A1：老上海月份牌年画是 20 世纪初至 20 世纪中叶上海地区流行的一种年画形式。它主要用于商业宣传和节庆，每幅年画都会印上当年的月份，人们可以根据月份牌来确认时间，也可以根据月份牌了解当时商家的经营策略和文化氛围。月份牌年画的制作材料一般是宣纸或卡纸，画面色彩鲜艳明快，线条精细，图案寓意丰富。画面通常会描绘节令、民俗、名胜、商业等主题，表达了当时社会生活的各种方面，具有浓郁的时代气息和地域特色。月份牌年画是老上海的一种文化符号，也是老上海商业文化的重要组成部分。它在当时的上海地区极为流行，成为商家和民众庆祝节日、宣传经营的重要媒介，同时也为后来的年画文化发展奠定了基础。如今，月份牌年画已成为珍贵的历史文化遗产，为人们了解老上海的历史、文化和商业风貌提供了宝贵的资料。图 6 - 10 为 ChatGPT 介绍老上海月份牌年画的对话过程。

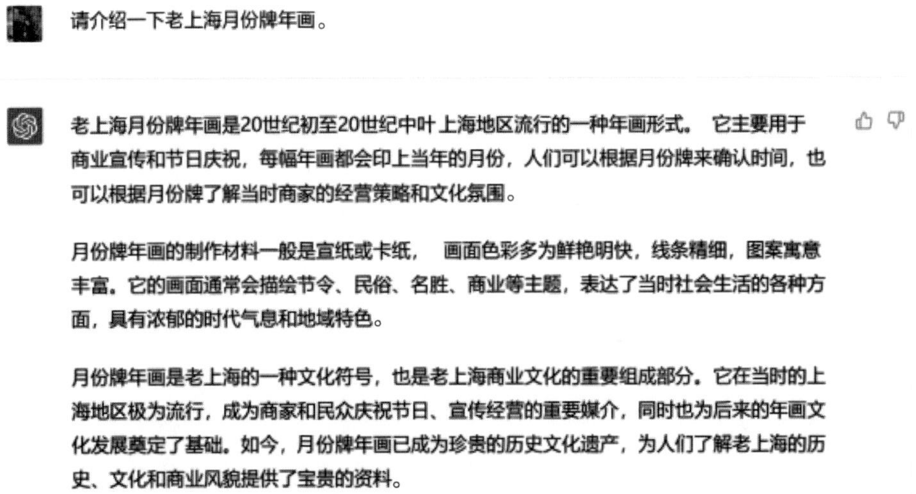

请介绍一下老上海月份牌年画。

老上海月份牌年画是20世纪初至20世纪中叶上海地区流行的一种年画形式。 它主要用于商业宣传和节日庆祝，每幅年画都会印上当年的月份，人们可以根据月份牌来确认时间，也可以根据月份牌了解当时商家的经营策略和文化氛围。

月份牌年画的制作材料一般是宣纸或卡纸， 画面色彩多为鲜艳明快，线条精细，图案寓意丰富。它的画面通常会描绘节令、民俗、名胜、商业等主题，表达了当时社会生活的各种方面，具有浓郁的时代气息和地域特色。

月份牌年画是老上海的一种文化符号，也是老上海商业文化的重要组成部分。它在当时的上海地区极为流行，成为商家和民众庆祝节日、宣传经营的重要媒介，同时也为后来的年画文化发展奠定了基础。如今，月份牌年画已成为珍贵的历史文化遗产，为人们了解老上海的历史、文化和商业风貌提供了宝贵的资料。

图 6 - 10　ChatGPT 介绍老上海月份牌年画的对话过程界面

Q2：请给出一个老上海月份牌年画的故事场景。

A2：一幅老上海月份牌年画的场景可以是这样的：

画面中，一位年青的上海女子穿着传统的旗袍，手持一个精美的月份牌，上面写着"三月"。她站在一片美丽的花海中，背景是一座古老的建筑物和一条小河。她面带微笑，目光深邃，似乎在感受春天的气息和大自然的美妙。画面的色彩非常鲜艳，粉红色、绿色、黄色等色彩搭配非常协调。花海中的花朵绚丽多彩，充满了春天的气息。整个画面传递出了春天的生机和美丽。月份牌上的"三月"表明了时间的流转和生命的延续。美丽的上海女子和花海则展现了人与自然和谐相处的美好状态，也展现了老上海的浪漫和文艺气息。

图 6 – 11 为 ChatGPT 给出的一个上海月份牌的故事场景界面。

 请给出一个老上海月份牌年画的故事场景

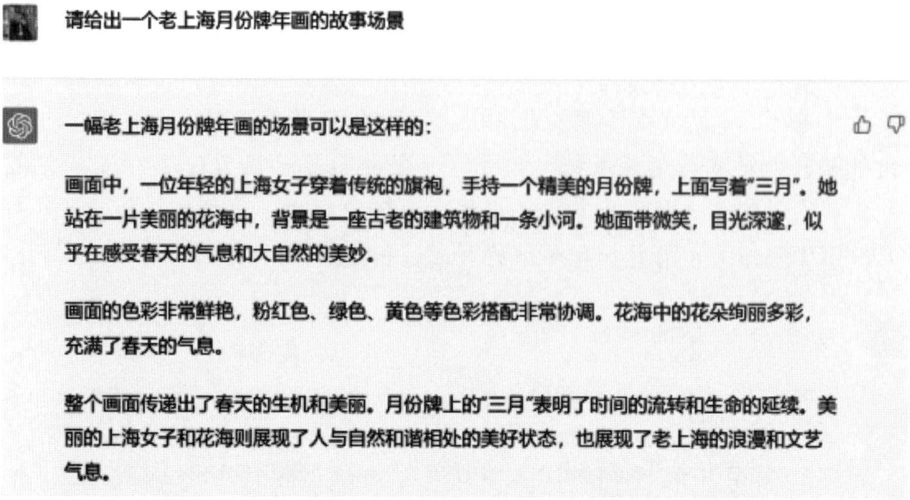

一幅老上海月份牌年画的场景可以是这样的：

画面中，一位年轻的上海女子穿着传统的旗袍，手持一个精美的月份牌，上面写着"三月"。她站在一片美丽的花海中，背景是一座古老的建筑物和一条小河。她面带微笑，目光深邃，似乎在感受春天的气息和大自然的美妙。

画面的色彩非常鲜艳，粉红色、绿色、黄色等色彩搭配非常协调。花海中的花朵绚丽多彩，充满了春天的气息。

整个画面传递出了春天的生机和美丽。月份牌上的"三月"表明了时间的流转和生命的延续。美丽的上海女子和花海则展现了人与自然和谐相处的美好状态，也展现了老上海的浪漫和文艺气息。

图 6 – 11　ChatGPT 给出的一个老上海月份牌的故事场景界面

Q3：请帮我概括一下上面这段场景。

A3：这幅老上海月份牌年画描绘了一个年轻女子手持月份牌站在美丽花海中，月份牌上写着"三月"。她穿着传统旗袍，背景是一座古老的建筑物和一条小河。画面色彩鲜艳，花海中花朵绚丽多彩，传递出了春天的生机和美丽，展现了人与自然和谐相处的美好状态，也展现了老上海的浪漫和文艺气息。

图 6 – 12 为 ChatGPT 对老上海月份牌年画场景的概括。

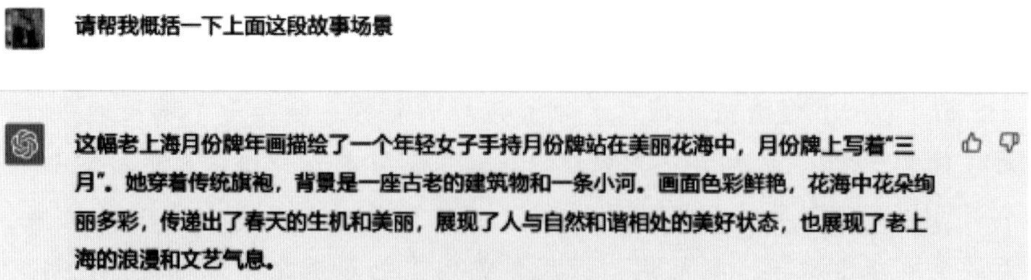

 请帮我概括一下上面这段故事场景

 这幅老上海月份牌年画描绘了一个年轻女子手持月份牌站在美丽花海中，月份牌上写着"三月"。她穿着传统旗袍，背景是一座古老的建筑物和一条小河。画面色彩鲜艳，花海中花朵绚丽多彩，传递出了春天的生机和美丽，展现了人与自然和谐相处的美好状态，也展现了老上海的浪漫和文艺气息。

图 6 – 12　ChatGPT 对老上海年份牌年画故事场景的概括界面

Q4：请帮我总结一下上述文本中关于背景环境与代表人物的提示词。

A4：关于背景环境的提示词有一片美丽的花海、一座古老的建筑物、一条小河、春天的气息、色彩鲜艳、花朵绚丽多彩等。

关于代表人物的提示词有一位年青的上海女子、穿着传统的旗袍、手持一个精美的月份牌、面带微笑、目光深邃等。

图 6 – 13 为 ChatGPT 提取的关键词。

请帮我总结一下上述文本中关于背景环境与代表人物的提示词

关于背景环境的提示词有 一片美丽的花海、一座古老的建筑物、一条小河、春天的气息、色彩鲜艳、花朵绚丽多彩等。

关于代表人物的提示词有 一位年青的上海女子、穿着传统的旗袍、手持一个精美的月份牌、面带微笑、目光深邃等。

图 6 – 13　ChatGPT 提取的提示词（一段描述性的文本）

Q5：将上述提示词句输入到 DALL – E2，DALL – E2 根据文本生成相关的图片。

A5：好的。

图 6 – 14 为 DALL – E2 根据文本生成的老上海月份牌相关图片。

图 6 – 14　DALL – E2 根据文本生成的老上海月份牌相关图片

图 6 – 14   DALL – E2 根据文本生成的老上海月份牌相关图片（续）

关于生成的老上海月份牌图片的评价主要有 3 个方面：图形、色彩和版式。图形包括人物形象要素和装饰图案的必要元素。

1. 人物形象要素

画中女子的形象不仅完全合乎中国传统美女的特征，皮肤白皙、清透，脸形大多为鹅蛋脸或瓜子脸，画家又运用了欧美流行的腮红、眼影、口红之类装扮，显出了时尚和高贵。月份牌美女多以正面朝向观者，显得自然得体、落落大方，极富时代气息。人物的发型长、短发都有，烫发、卷发也较多出现，带有明显的西方女子色彩。

2. 装饰图案的必要元素

底纹、边框、生活用品及人物服装上的图案为装饰图案的必要元素。

3. 色彩

在月份牌绘画中，多是头发颜色最重，面部等皮肤颜色最亮，其他颜色依次排列，用以描绘服饰、背景等画面内容，最终形成月份牌独有的画面效果。人脸采用正面光源。画面中的图案、衣裙等装饰因素，也不一定完全依照自然的现实空间去表现，如衣褶处的花纹图案，并不完全受到物体的时空约束，受光面的外轮廓还要用精美的线加以勾描。

4. 版式

月份牌的排版都是运用对称的原则。商品、文字及图案都是以对称、均衡、满版的方式呈现在画面中。将视觉中心集中于图像中，强化主体与主题。人物图像面积占比不低于40%，人物形象位于画面中心；商品信息（广告字）

通常位于画面的顶部或者底部；装饰图案以多种形式丰富画面。

【案例 2】

绘画 ChatGPT 多模态对话以及交互案例

绘画 ChatGPT 多轮对话界面如图 6-15 所示。

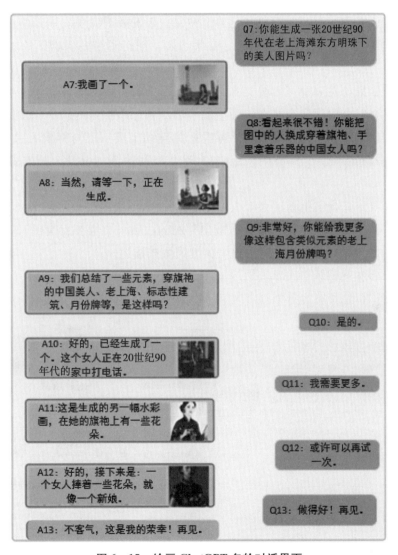

图 6-15　绘画 ChatGPT 多轮对话界面

6.2.3　动态非遗年画生成 GPT（动态艺术 ChatGPT）

6.2.3.1　非遗年画简介

年画是中国非物质文化遗产的重要组成部分，过去年画常作为一种主要的宣传手段。作为商品生产，它有着巨大的宣传推广量与经济价值。在以科技为主导的现代社会，中国非物质文化遗产的保护与发展遭遇了发展经济、技术更新和文化变迁的三大矛盾，产生了传承乏人、创新不易、保护不力的诸多问题。另外，ChatGPT 作为一个语言模型，并不能直接为使用者提供图片或视频。为了弘扬与发展中国传统美术，将 ChatGPT 的会话功能与非遗文化中的传统美术进行组合构建动态非遗年画生成 GPT。动态非遗年画生成 GPT 通过提取 ChatGPT 给出的样例中的关键词，再根据关键词生成一段与样例相关的描述，把描述输入到 Lumen5 模型中，Lumen5 就会根据输入的描述生成相应的动态视频。

以中国传统戏出年画《孟姜女》为例。

（1）请 ChatGPT 给出一个传统戏出年画的故事（以孟姜女为例）。

（2）ChatGPT 提取关键词，根据关键词生成描述。

（3）将描述输入到 Lumen5，Lumen5 给出一段与之相关的视频。

图 6 - 16 为非遗戏出年画《孟姜女》动态生成 GPT 过程界面。

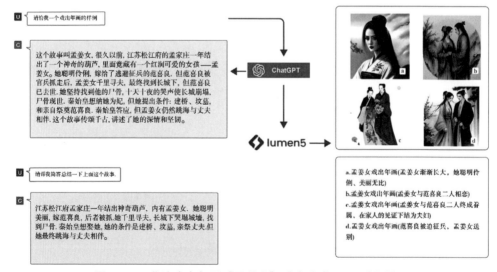

图 6 - 16　非遗戏出年画《孟姜女》动态生成 GPT 过程界面

6.2.3.2　动态非遗年画生成系统原理

直接使用像素作为图像标记，对于高分辨率的图像来说需要大量的内存。概率目标倾向于优先建模像素之间的短距离依赖关系，因此大部分建模能力将用于捕捉高频细节，而不是使物体在视觉上可被人类识别的低频结构。可以通过两个阶段的训练来解决上述问题．

第一阶段：训练一个离散变异自动编码器（dVAE）1，它将每个 256 × 256 的 RGB 图像压缩成一个 32 × 32 的图像标记网格，其中每个元素都可以承担 8 192 个可能的值．这将转换器的大小减少了 192 倍，而在视觉质量上没有大的下降。

第二阶段：将最多 256 个 BPE 编码的文本标记与 32 × 32 = 1 024 个图像标记连接起来，并训练一个自回归变换器来建立联合模型，训练一个自回归变换器来模拟文本和图像标记的联合分布。

整个过程可以被看作是最大限度地提高模型分布在图像 x、图像 y 和编码的 RGB 图像的标记 z 上的联合可能性的证据下限（Evidence Lower Bound，ELBO）。

6.2.3.4　陕西凤翔戏出年画

陕西凤翔的戏出年画是中国传统的年画艺术形式之一，其源于明代，具有悠久的历史和独特的艺术风格。凤翔戏出年画的特点在于其图案精美细腻，色彩鲜艳丰富，常常以传统戏曲剧目为题材，展现了丰富的文化内涵和历史背景。在评价陕西凤翔戏出年画时，主要看 3 个方面：人物造型、色彩运用、表现手法。

（1）人物造型：陕西凤翔戏出年画门神画的人物造型通常被描绘成两名对称构图的健壮有力的男子，面容严肃，神情庄重，用线条简练的写实主义表现出人物的力量感和动态美。

（2）色彩运用：陕西凤翔戏出年画门神画所用的色彩以黑、白、黄、红为基本色彩，绿、紫、橙为点缀色彩。特别是对红色和黄色的运用，不仅具有浓烈的民族文化气息，而且将黄色和红色巧妙地融合在一起，构成画面的主体色。图 6 - 17 为陕西凤翔戏出年画《牛郎与织女》动态生成过程界面。

（3）表现手法：陕西凤翔戏出年画通过交错、穿透和叠加等手法，将人物造型呈现出立体感和空间感。

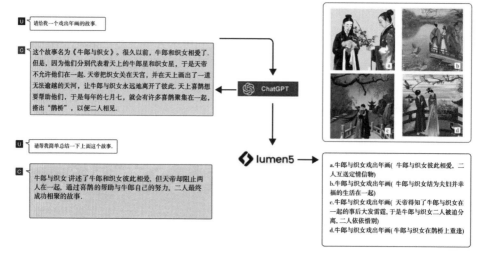

图 6 - 17　陕西凤翔戏出年画《牛郎与织女》动态生成过程界面

6.2.3.5　天津杨柳青年画

天津杨柳青年画是中国天津著名的民间艺术形式之一，起源于清朝中叶的杨柳青村因而得名。杨柳青年画是以墨笔为主要手段，配以水彩、淡彩或粉彩等色彩手法，描绘生活、传承文化，多以历史故事为题材。对于杨柳青年画，主要从题材、色彩、构图和线条表现等方面进行分析。

（1）题材：主要是祈求幸福、团圆和吉祥。

（2）色彩：杨柳青年画的色彩丰富多彩，以红、黄、绿为主调，黑、白、粉、蓝等色彩作为点缀。

（3）构图：构图简洁明了，富有张力和韵味。画面通常采用非对称式构图的方式。

（4）线条表现：线条生动流畅，粗细适中，画面多点缀细黑色勾边线。

动态画生成系统（GPT）结合了 ChatGPT 的会话与提取、推理功能与 Lumen5 的视频生成功能，最终实现生成类似于连环画的动态视频的功能。图 6 - 18 为天津杨柳青年画《卧冰求鲤》动态生成过程界面。

6.2.4　基于 ChatGPT 的短视频生成

将 ChatGPT 与短视频生成结合起来可以实现一种有趣和创新的应用，将

ChatGPT 强大的文本生成能力与短视频生成技术结合实现更低成本、更高质量和更短时间的视频生成。以下为几种 ChatGPT 与短视频生成的整合方法。

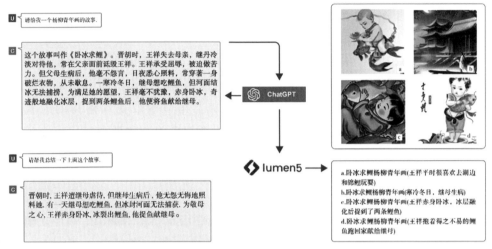

图 6 - 18　天津杨柳青年画《卧冰求鲤》动态生成过程界面

1. 文本输入生成短视频概念

ChatGPT 可以用于接收用户输入的文本描述，如一段关于短视频的概念或场景的描述。ChatGPT 可以根据其语言模型的特点，生成更加详细的短视频，包括情节、角色、场景等。

2. 视频生成器生成短视频

使用短视频生成器模型，例如基于对抗网络（cGANs）的模型，将 ChatGPT 生成的短视频概念作为条件信息输入，生成器网络将根据这个条件信息生成一段合成的短视频，展示出与 ChatGPT 生成的概念相符的视觉效果。

3. 用户交互与定制化生成

用户可以与生成的短视频进行交互，例如调整场景、角色、情节等，通过与 ChatGPT 的对话或其他用户输入，进一步定制化生成用户想要的短视频效果。

4. 合成视频渲染和导出

生成的短视频可以经过渲染和导出，生成最终的短视频文件，以供用户保存、分享或在其他平台上发布。

Synthesia 是一种基于人工智能技术的人脸合成工具，可以将文本、声音或其他人的语音转换为逼真的人脸视频。它使用了一种称为条件生成对抗网络（conditional Generative Adversarial Networks，cGANs）的模型。cGANs 是生成对抗网络（GANs）的一种扩展，通过在生成器（Generator）和判别器（Discriminator）中引入条件信息，可以生成带有特定条件的样本。在 Synthesia 中，条件信息是文本、声音或其他人的语音，用于控制生成的人脸视频的外貌和表情。Synthesia 的生成器网络接受输入的条件信息并生成合成的人脸视频，判别器网络则负责判断生成的视频是否真实。生成器和判别器通过对抗训练的方式进行迭代优化，使生成器可以生成更加逼真的人脸视频，以尽量"欺骗"判别器。最后，生成器将生成的人脸视频输出作为最终的合成结果。

ChatGPT 和 Synthesia 生成短视频过程：编写对话脚本，包括输入消息和 ChatGPT 的回复，确保清楚地描述想要在视频中呈现的场景和对话内容；根据回复消息，调整对话脚本，以便满足需求和视频场景；将 ChatGPT 的回复消息作为字幕文本输入到 Synthesia 中，根据需求设置角色和场景，如图 6 – 19 所示。

Gen – 1 模型是一个可控的结构和内容感知的视频扩散模型，该模型在一个大规模的无字幕视频和成对的文本—图像数据的数据集上进行训练。Gen – 1 模型与图像合成模型类似。首先，需要训练模型，使推断出的视频内容与用户提供的图像或文本提示相匹配。其次，参考扩散过程，对结构表示应用了一个信息遮蔽过程，以便能够选择模型对给定结构的坚持程度。最后，通过一个自定义的指导方法来调整推理过程，该方法受到无分类指导的启发，以实现对生成片段的时间一致性的控制。

ChatGPT、Midjourney 和 Gen – 1 模型生成短视频过程：编写对话脚本，包括输入消息和 ChatGPT 的回复，确保清楚地描述想要在视频中呈现的场景和对话内容；根据回复消息，调整对话脚本，以便满足用户需求和视频场景。在 Midjourney 中输入生成代码，导入和 ChatGPT 的对话脚本，详尽描述图像参数；在 Gen – 1 模型中上传原始视频及 Midjourney 生成的参考图像风格，根据脚本和场景描述，创建短视频画面，显示效果，如图 6 – 20 所示。

基于 ChatGPT 的短视频生成可以应用于多种场景，如社交媒体内容生成、教育和培训内容生成以及个性化广播和电视节目等。

（a）

（b）

大家好，欢迎来到我们的初级编程思想科普系列视频。在这个系列中，我们将带您深入了解编程的基础思想，为您打下坚实的编程基础。现在，让我们一起来探索编程的神秘世界吧！

（c）

图 6 – 19　ChatGPT 和 Synthesia 生成短视频案例

（a）对话内容；（b）回复消息，视频开始播放；（c）视频场景

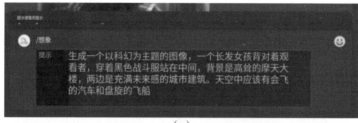

（a）

（b）

（c）

图 6－20　ChatGPT、Midjourney 和 Gen－1 模型生成短视频案例

（a）编写对话脚本，输入对话内容；（b）描述图像参数，上传原始视频及生成的
参考图像风格；（c）创建短视频画面，显示效果

参考文献

中文参考文献

［1］ 王永收. 具身体验，情节引导与互动故事——论 VR 电影的诗学特性［J］. 文艺争鸣，2021（10）：125.

［2］ 郭子淳. 具身交互叙事：智能时代叙事形态的一种体验性阐释［J］. 高等学校文科学术文摘，2022（3）：039.

［3］ 赵冬斌，邵坤，朱圆恒，等. 深度强化学习综述：兼论计算机围棋的发展［J］. 控制理论与应用，2016，33（6）：701－717.

［4］ 张宝华，张品. 基于旋律的音乐检索系统［J］. 电声技术，2005（12）：4－7.

［5］ 李重光，基本乐理通用教材［M］. 北京：高等教育出版社，2004.

［6］ 张巍. 论音乐的节奏结构——对其中诸要素的讨论［J］. 黄钟，2006（1）：12－23.

［7］ 陈哲，许洁萍. 基于内容的音乐节拍跟踪［J］. 电子学报，2009，37（4）：156－160.

［8］ 汪华生. 音乐理论中的音乐要素分析［J］. 黄河之声，2017（8）：67－

67.

［9］姜涛. 略论音乐理论研究与音乐创作［J］. 延边教育学院学报，2015，29
（2）：16 – 18.

［10］谢菠荪. 头相关传输函数与虚拟听觉重放［J］. 中国科学（G辑：物理
学力学天文学），2009（9）：1268 – 1285.

［11］谢菠荪，管善群. 空间声的研究与应用——历史、发展与现状［J］. 应
用声学，2012（1）：18 – 27.

［12］胡瑞敏，王晓晨，张茂胜，等. 三维音频技术综述［J］. 数据采集与处
理，2014（5）：661 – 676.

［13］胡瑞敏，王恒，涂卫平，等. 双耳时间差变化感知阈限与时间差和频率
的关系［J］. 声学学报，2014（6）：752 – 756.

［14］殷福亮，汪林，陈喆. 三维音频技术综述［J］. 通信学报，2011（2）：
130 – 138.

［15］汪林，殷福亮，陈喆. 3D声场合成中近似个性头相关传递函数的主观选
择方法［J］. 信号处理，2009（7）：1097 – 1102.

［16］李娟，李军锋，颜永红. 波场合成中声像感知距离重建［J］. 声学学报，
2013（6）：743 – 748.

［17］徐华兴，夏日升，李军锋，等. 一种基于物理特性和感知特性的混响模
拟方法［J］. 中国科学：信息科学，2015（6）：817 – 826.

［18］张阳，赵俊哲，王进，等. 虚拟现实中三维音频关键技术现状及发展
［J］. 电声技术，2017，41（6）：56 – 62.

［19］周天纵. 全新的3D声音体验——Dolby Atmos与Auro – 3D［J］. 演艺科
技，2015（2）：19 – 22 + 65.

［20］潘兴德. AVS2音频编码技术进展回顾和规划［C］∥声频工程学术论坛暨
学术交流年会，2014.

［21］信息技术　智能媒体编码　第3部分：沉浸式音频［S］，数字音视频编
解码技术标准工作组，图标编号：T/AI 109.3—2022.

［22］信息技术　虚拟现实内容表达第3部分：音频［S］，数字音视频编解码
技术标准工作组，国标计划号：20214282 – T – 469.

［23］GB/T 33475.3—2018，信息技术高效多媒体编码第3部分：音频［S］.
北京，数字音视频编解码技术标准化工作组，2018.

［24］谢菠荪. 头相关传输函数与虚拟听觉［M］. 北京：国防工业出版

社，2008.

［25］谢菠荪. 头相关传输函数空间采样、插值与环绕声重放［J］. 声学学报，2007，32（1）：77－82.

［26］谢菠荪，钟小丽，饶丹，等. 头相关传输函数数据库及其特性分析［J］. 中国科学（G 辑：物理学、力学、天文学），2006（5）：464－479.

［27］刘继月，王晶，谢湘，等. 三维音频质量评价方法［J］. 电声技术，2017，41（7/8）：131－134.

外文参考文献

［1］Serafin S, Nordahl R, AD Götzen, et al. Sonic interaction in virtual environments［C］//Sonic Interactions for Virtual Environments. IEEE, 2015.

［2］Ecker A J, Heller L M. Auditory：Visual Interactions in the Perception of a Ball's Path［J］. Perception, 2005, 34（1）：59－75.

［3］Ernst M O, Bülthoff H H. Merging the senses into a robust percept［J］. Trends in cognitive sciences, 2004, 8（4）：162－169.

［4］Sekuler R. Sound alters visual motion perception［J］. Nature, 1997（385）308－308.

［5］McGurk H, MacDonald J. Hearing lips and seeing voices［J］. Nature, 1976, 264（5588）：746－748.

［6］Recarte M A, Nunes L M. Mental workload while driving：effects on visual search, discrimination, and decision making［J］. Journal of experimental psychology：Applied, 2003, 9（2）：119.

［7］Men L, Bryan-Kinns N. LeMo：exploring virtual space for collaborative creativity［M］//Proceedings of the 2019 on Creativity and Cognition. 2019：71－82.

［8］Greenberg S, Boyle M, LaBerge J. PDAs and shared public displays：Making personal information public, and public information personal［J］. Personal Technologies, 1999, 3（1）：54－64.

［9］Berthaut F. 3D interaction techniques for musical expression［J］. Journal of New Music Research, 2020, 49（1）：60－72.

［10］ Argelaguet F, Andujar C. A survey of 3D object selection techniques for virtual environments ［J］. Computers & Graphics, 2013, 37 (3): 121 – 136.

［11］ Vindenes J, Wasson B. A postphenomenological framework for studying user experience of immersive virtual reality ［J］. Frontiers in Virtual Reality, 2021 (2): 656423.

［12］ Katz B F G, Weber A. An Acoustic Survey of the Cathédrale Notre – Dame de Paris before and after the Fire of 2019 ［C］//Acoustics. MDPI, 2020, 2 (4): 791 – 802.

［13］ Kanade T, Rander P, Narayanan P J. Virtualized reality: Constructing virtual worlds from real scenes ［J］. IEEE multimedia, 1997, 4 (1): 34 – 47.

［14］ Brinkmann F, Lindau A, Weinzierl S. On the authenticity of individual dynamic binaural synthesis ［J］. The Journal of the Acoustical Society of America, 2017, 142 (4): 1784 – 1795.

［15］ Stowell D, Robertson A, Bryan – Kinns N, et al. Evaluation of live human – computer music – making: Quantitative and qualitative approaches ［J］. International journal of human – computer studies, 2009, 67 (11): 960 – 975.

［16］ Zhang C, Yang Z, He X, et al. Multimodal intelligence: Representation learning, information fusion, and applications ［J］. IEEE Journal of Selected Topics in Signal Processing, 2020, 14 (3): 478 – 493.

［17］ Jia M, Yang Z, Bao C, et al. Encoding multiple audio objects using intra – object sparsity ［J］. IEEE/ACM Transactions on Audio, Speech, and Language Processing, 2015, 23 (6): 1082 – 1095.

［18］ Okamoto T, Cui Z L, Iwaya Y, et al. Implementation of a high – definition 3D audio – visual display based on higher – order Ambisonics using a 157 – loudspeaker array combined with a 3D projection display ［C］//2010 2nd IEEE InternationalConference on Network Infrastructure and Digital Content. IEEE, 2010: 179 – 183.

［19］ Samarasinghe P, Abhayapala T, Poletti M, et al. An efficient parameterization of the room transfer function ［J］. IEEE/ACM Transactions on Audio, Speech, and Language Processing, 2015, 23 (12): 2217 – 2227.

［20］ Sun X. Immersive audio, capture, transport, and rendering: a review ［J］.

APSIPA Transactions on Signal and Information Processing, 2021, 10: e13.

[21] ITU – R BS. 2051 – 2. Advanced sound system for programme production [S]. International Telecommunication Union, 2018. 07

[22] ITU – R BS. 775 – 1. Multichannel stereophonic sound system with and without accompanying picture [S]. International Telecommunication Union, 1992.

[23] Gerzon M A. Periphony: With – height sound reproduction [J]. Journal of the audio engineering society, 1973, 21 (1): 2 – 10.

[24] Hamasaki K. 22. 2 multichannel audio format standardization activity [J]. Broadcast Technology, 2011, 45: 14 – 19.

[25] ISO/IEC 13818 – 7: 2006 Information technology — Generic coding of moving pictures and associated audio information — Part 7: Advanced Audio Coding (AAC)[S]. Geneva: International Standardization Organization / International Electrotechnical Commission—Moving Picture Experts Group, 2006.

[26] ISO/IEC 23008 – 3 Information technology — High efficiency coding and media delivery in heterogeneous environments — Part 3: 3D audio [S]. Geneva: International Standardization Organization/International Electrotechnical Commission—Moving Picture Experts Group, 2014.

[27] Herre J, Hilpert J, Kuntz A, et al. MPEG – H audio—the new standard for universal spatial/3D audio coding [J]. Journal of the Audio Engineering Society, 2015, 62 (12): 821 – 830.

[28] Neuendorf M, Multrus M, Rettelbach N, et al. The ISO/MPEG unified speech and audio coding standard—consistent high quality for all content types and at all bit rates [J]. Journal of the Audio Engineering Society, 2013, 61 (12): 956 – 977.

[29] ISO/IEC 23090 – 3 Information technology — Coded Representation of ImmersiveMedia — Part 3: Immersive Audio Coding [S]. Geneva: International Standardization Organization/International Electrotechnical Commission—Moving Picture Experts Group, 2023.

[30] Pulkki V. Virtual sound source positioning using vector base amplitude panning [J]. Journal of the audio engineering society, 1997, 45 (6): 456 – 466.

[31] Bernfeld B. Attempts for better understanding of the directional stereophonic listening mechanism [C]//Audio Engineering Society Convention 44. Audio

Engineering Society, 1973.

[32] Lossius T, Baltazar P, de la Hogue T. DBAP – distance – based amplitude panning [C]// International Computer Music Conference Proceedings, 2009.

[33] de Bruijn W. Application of wave field synthesis in videoconferencing [D]. Delft, Netherlands: Delft University of Technology, 2004.

[34] Naoe M, Kimura T, Yamakata Y, et al. Performance evaluation of 3D sound field reproduction system using a few loudspeakers and wave field synthesis [C]//2008 Second International Symposium on Universal Communication. IEEE, 2008: 36 – 41.

[35] Malham D G. Higher order Ambisonic systems for the spatialisation of sound [M]. Ann Arbor, MI: Michigan Publishing, University of Michigan Library, 1999.

[36] Chapman M, Ritsch W, Musil T, et al. A Standard for Interchange of Ambisonic Signal Sets. Including a file standard with metadata [C]//Proc. of the Ambisonics Symposium, Graz, Austria. 2009.

[37] Gardner W G, Martin K D. HRTF measurements of a KEMAR [J]. The Journal of the Acoustical Society of America, 1995, 97 (6): 3907 – 3908.

[38] Algazi V R, Duda R O, Thompson D M, et al. The cipic hrtf database [C]// Proceedings of the 2001 IEEE Workshop on the Applications of Signal Processing to Audio and Acoustics (Cat. No. 01TH8575). IEEE, 2001: 99 – 102.

[39] Qu T, Xiao Z, Gong M, et al. Distance – dependent head – related transfer functions measured with high spatial resolution using a spark gap [J]. IEEE Transactions on Audio, Speech, and Language Processing, 2009, 17 (6): 1124 – 1132.

[40] Watanabe K, Iwaya Y, Suzuki Y, et al. Dataset of head – related transfer functions measured with a circular loudspeaker array [J]. Acoustical science and technology, 2014, 35 (3): 159 – 165.

[41] AES Standard Committee, AES69 – 2022: AES standard for file exchange – Spatial acoustic data file format [S]. Audio Engineering Society, New York City, United States, 2015.

[42] Middlebrooks J C. Individual differences in external – ear transfer functions

reduced by scaling in frequency [J]. The Journal of the Acoustical Society of America, 1999, 106 (3): 1480 – 1492.

[43] Zotkin D N, Duraiswami R, Davis L S. Customizable auditory displays [C]// Proceedings of the International Conference on Auditory Display. 2002: 167 – 176.

[44] Bilinski P, Ahrens J, Thomas M R P, et al. HRTF magnitude synthesis via sparse representation of anthropometric features [C]//2014 IEEE International Conference on Acoustics, Speech and Signal Processing (ICASSP). IEEE, 2014: 4468 – 4472.

[45] Zhou Y, Jiang H, Ithapu V K. On the predictability of HRTFs from ear shapes using deep networks [C]//ICASSP 2021 – 2021 IEEE International Conference on Acoustics, Speech and Signal Processing (ICASSP). IEEE, 2021: 441 – 445.

[46] Qu T, Xiao Z, Gong M, et al. Distance – dependent head – related transfer functions measured with high spatial resolution using a spark gap [J]. IEEE Transactions on Audio, Speech, and Language Processing, 2009, 17 (6): 1124 – 1132.

[47] Stan G B, Embrechts J J, Archambeau D. Comparison of different impulse response measurement techniques [J]. Journal of the Audio engineering society, 2002, 50 (4): 249 – 262.

[48] Allen J B, Berkley D A. Image method for efficiently simulating small - room acoustics [J]. The Journal of the Acoustical Society of America, 1979, 65 (4): 943 – 950.

[49] Kulowski A. Algorithmic representation of the ray tracing technique [J]. Applied Acoustics, 1985, 18 (6): 449 – 469.

[50] Ratnarajah A, Zhang S X, Yu M, et al. FAST – RIR: Fast neural diffuse room impulse response generator [C]//ICASSP 2022 – 2022 IEEE International Conference on Acoustics, Speech and Signal Processing (ICASSP). IEEE, 2022: 571 – 575.

[51] Ratnarajah A, Tang Z, Aralikatti R, et al. MESH2IR: Neural Acoustic Impulse Response Generator for Complex 3D Scenes [C]//Proceedings of the 30th ACM International Conference on Multimedia. 2022: 924 – 933.

［52］ ITU － R BS. 1116 － 3，Methods for the subjective assessment of small impairments in audio systems ［S］. Geneva：International Telecommunication Union—Radio Communications Sector，2015.

［53］ ITU － R BS. 1534 － 3，Method for the subjective assessment of intermediate quality levels of coding systems ［S］. Geneva：International Telecommunication Union—Radio Communications Sector，2015.

［54］ ITU － R BS. 1284 － 2，General methods for the subjective assessment of sound quality ［S］. Geneva：International Telecommunication Union—Radio Communications Sector，2019.

［55］ ITU － R BS. 1285 － 0，Pre － selection methods for the subjective assessment of small impairments in audio systems ［S］. Geneva：International Telecommunication Union—Radio Communications Sector，1997.

［56］ ITU － R BS. 2132 － 0，Method for the subjective quality assessment of audibledifferences of sound systems using multiple stimuli without a given reference ［S］. Geneva：International Telecommunication Union—Radio Communications Sector，2019.

［57］ Wang J，Qian K，Qiu Y，et al. A multi － attribute subjective evaluation method on binaural 3D audio without reference stimulus ［J］. Applied Acoustics，2022（200）：109042.

［58］ Yan Z，Wang J，Li Z. A Multi － criteria Subjective Evaluation Method for Binaural Audio Rendering Techniques in Virtual Reality Applications ［C］// 2019 IEEE International Conference on Multimedia & Expo Workshops （ICMEW）. IEEE，2019：402 － 407.

［59］ Wang J C，Yang Y H，Jhuo I H，et al. The acoustic visual emotion Guassians model for automatic generation of music video ［C］//Proceedings of the 20th ACM international conference on Multimedia. 2012：1379 － 1380.

［60］ Lin J C，Wei W L，Wang H M. EMV － matchmaker：emotional temporal course modeling and matching for automatic music video generation ［C］//Proceedings of the 23rd ACM international conference on Multimedia. 2015：899 － 902.

［61］ Lin J C，Wei W L，Wang H M. Automatic music video generation based on emotion － oriented pseudo song prediction and matching ［C］//Proceedings of the 24th ACM international conference on Multimedia，2016：372 － 376.

[62] Shin K H, Kim H R, Lee I K. Automated music video generation using emotion synchronization [C]//2016 IEEE International Conference on Systems, Man, and Cybernetics (SMC), IEEE, 2016: 002594 – 002597.

[63] Fukayama S, Nakatsuma K, Sako S, et al. Automatic song composition from the lyrics exploiting prosody of the Japanese language [C]//Proc. 7th Sound and Music Computing Conference (SMC). 2010: 299 – 302.

[64] Ackerman M, Loker D. Algorithmic songwriting with alysia [C]//International conference on evolutionary and biologically inspired music and art. Springer, Cham, 2017: 1 – 16.

[65] Fernández J D, Vico F. AI methods in algorithmic composition: A comprehensive survey [J]. Journal of Artificial Intelligence Research, 2013, 48: 513 – 582.

[66] Ebcioğlu K. An expert system for harmonizing chorales in the style of JS Bach [J]. The Journal of Logic Programming, 1990, 8 (1 – 2): 145 – 185.

[67] Ames C, Domino M. Cybernetic composer: an overview. In: Balaban M, Ebcioglu K, Laske O, eds. Understanding Music with AI [M]. Cambridge: AAAI Press, 186 – 205, 1992.

[68] Biles J. GenJam: A genetic algorithm for generating jazz solos [C]//ICMC. 1994 (94): 131 – 137.

[69] Hadjeres G, Pachet F, Nielsen F. Deepbach: a steerable model for bach chorales generation [C]//International Conference on Machine Learning. PMLR, 2017: 1362 – 1371.

[70] Brunner G, Konrad A, Wang Y, et al. MIDI – VAE: Modeling dynamics and instrumentation of music with applications to style transfer [J]. arXiv preprint arXiv, 2018 (21): 65 – 71.

[71] Brunner G, Wang Y, Wattenhofer R, et al. Symbolic music genre transfer with cyclegan [C]//2018 IEEE 30th International Conference on Tools with Artificial Intelligence (ICTAI). IEEE, 2018: 786 – 793.

[72] Johnson D. Composing music with recurrent neural networks. http://www. hexahedria. com/2015/08/03/composing – music – with – recurrent – neural – networks.

[73] Waite E. Generating Long – Term Structure in Songs and Stories. https://

magenta. tensorflow. org/2016/07/15/lookback – rnn – attention – rnn.

[74] Hadjeres G, Pachet F, Nielsen F. Deepbach: a steerable model for bach chorales generation [C]//International Conference on Machine Learning. PMLR, 2017: 1362 – 1371.

[75] Lattner S, Grachten M, Widmer G. Imposing higher – level structure in polyphonic music generation using convolutional restricted boltzmann machines and constraints [J]. Journal of Creative Music Systems, 2018 (2): 1 – 31.

[76] Akbari M, Liang J. Semi – recurrent CNN – based VAE – GAN for sequential data generation [C]//2018 IEEE International Conference on Acoustics, Speech and Signal Processing (ICASSP). IEEE, 2018: 2321 – 2325.

[77] Roberts A, Engel J, Raffel C, et al. A hierarchical latent vector model for learning long – term structure in music [C]//International Conference on Machine Learning. PMLR, 2018: 4364 – 4373.

[78] Brunner G, Konrad A, Wang Y, et al. MIDI – VAE: Modeling dynamics and instrumentation of music with applications to style transfer [J]. arXiv preprint arXiv: 1809. 07600, 2018.

[79] Yang L C, Chou S Y, Yang Y H. MidiNet: A convolutional generative adversarial network for symbolic domain music generation [J]. arXiv preprint arXiv: 1703. 10847, 2017.

[80] Dong H W, Hsiao W Y, Yang L C, et al. Musegan: Multi – track sequential generative adversarial networks for symbolic music generation and accompaniment [C]//Proceedings of the AAAI Conference on Artificial Intelligence. 2018, 32 (1): 256 – 306.

[81] Brunner G, Wang Y, Wattenhofer R, et al. Symbolic music genre transfer with cyclegan [C]//2018 IEEE 30th International Conference on Tools with Artificial Intelligence (ICTAI). IEEE, 2018: 786 – 793.

[82] Oord A, Dieleman S, Zen H, et al. Wavenet: A generative model for raw audio [J]. arXiv preprint arXiv, 1609. 03499, 2016.

[83] Manzelli R, Thakkar V, Siahkamari A, et al. Conditioning deep generative raw audio models for structured automatic music [J]. arXiv preprint arXiv: 1806. 09905, 2018.

[84] De Boom C, Van Laere S, Verbelen T, et al. Rhythm, chord and melody

generation for lead sheets using recurrent neural networks [C]//Joint European Conference on Machine Learning and Knowledge Discovery in Databases. Springer, Cham, 2019: 454－461.

[85] Chen K, Wang C, Berg－Kirkpatrick T, et al. Music sketchnet: Controllable music generation via factorized representations of pitch and rhythm [J]. arXiv preprint arXiv: 2008. 01291, 2020.

[86] Thickstun J, Harchaoui Z, Foster D P, et al. Coupled recurrent models for polyphonic music composition [J]. arXiv preprint arXiv, 2018, 36: 105－112.

[87] Jiang N, Jin S, Duan Z, et al. Rl－duet: Online music accompaniment generation using deep reinforcement learning [C]//Proceedings of the AAAI Conference on Artificial Intelligence. 2020, 34 (1): 710－718.

[88] Benetatos C, Duan Z. BachDuet: A human－machine duet improvisation system [J]. ISMIR Late Breaking & Demo, 2019 (2): 176－186.

[89] Brémaud P. Markov chains: Gibbs fields, Monte Carlo simulation, and queues [M]. Springer Science & Business Media, 2013.

[90] Pinkerton R C. Information theory and melody [J]. Scientific American, 1956, 194 (2): 77－87.

[91] Pachet F. Interacting with a musical learning system: The continuator [C]// International Conference on Music and Artificial Intelligence. Springer, Berlin, Heidelberg, 2002: 119－132.

[92] Hiller Jr L A, Isaacson L M. Musical composition with a high speed digital computer [C]//Audio Engineering Society Convention 9. Audio Engineering Society, 1957.

[93] Anderson C, Eigenfeldt A, Pasquier P. The generative electronic dance music algorithmic system (GEDMAS) [C]//Proceedings of the AAAI Conference on Artificial Intelligence and Interactive Digital Entertainment. 2013, 9 (1).

[94] Papadopoulos A, Roy P, Pachet F. Avoiding plagiarism in Markov sequence generation [C]//Proceedings of the AAAI Conference on Artificial Intelligence. 2014, 28 (1).

[95] Chomsky N. Syntactic Structures [M]. Mouton & Co, 1957.

[96] Lerdahl F, Jackendoff R S. A Generative Theory of Tonal Music, reissue,

with a new preface [M]. MIT press, 1996.

[97] Schenker H. Free Composition: Volume III of new musical theories and fantasies [M]. Pendragon Press, 2001.

[98] Steedman M J. A generative grammar for jazz chord sequences [J]. Music Perception, 1984, 2 (1): 52 – 77.

[99] Pachet F. Computer analysis of jazz chord sequence: is solar a blues [J]. ermiranda readings in music & arti intelligence, 2000 (47): 85 – 114.

[100] Chemillier M. Toward a formal study of jazz chord sequences generated by Steedman's grammar [J]. Soft Computing, 2004, 8 (9): 617 – 622.

[101] Hamanaka M, Hirata K, Tojo S. FATTA: Full automatic time – span tree analyzer [C]//ICMC. 2007, 1: 153 – 156.

[102] Quick D. Generating Music Using Concepts from Schenkerian Analysis and Chord Spaces [J]. Technical report, Yale University, 2011 (21): 251 – 262.

[103] Prusinkiewicz P. Score generation with L – systems [C]//in ICMC (Ann Arbor, MI), 455 – 457, 1986.

[104] Mason S, Saffle M. L – Systems, melodies and musical structure [J]. Leonardo Music Journal, 1994 (4): 31 – 38.

[105] Nelson G L. Real time transformation of musical material with fractal algorithms [J]. Computers & Mathematics with Applications, 1996, 32 (1): 109 – 116.

[106] Langston P. Six techniques for algorithmic music composition [C]// Proceedings of the International Computer Music Conference. 1989, 60.

[107] Supper M. A few remarks on algorithmic composition [J]. Computer Music Journal, 2001, 25 (1): 48 – 53.

[108] Wiggins G A. A framework for description, analysis and comparison of creative systems [M]//Computational Creativity. Springer, Cham, 2019: 21 – 47.

[109] Cope D. Recombinant music: using the computer to explore musical style [J]. Computer, 1991, 24 (7): 22 – 28.

[110] Cope D. Computer modeling of musical intelligence in EMI [J]. Computer Music Journal, 1992, 16 (2): 69 – 83.

[111] Hiller Jr L A, Isaacson L M. Musical composition with a high speed digital computer [C]//Audio Engineering Society Convention 9. Audio Engineering Society, 1957.

[112] Anders T, Miranda E R. Constraint programming systems for modeling music theories and composition [J]. ACM Computing Surveys (CSUR), 2011, 43 (4): 1 –38.

[113] Ebcioǧlu K. An expert system for harmonizing four – part chorales [J]. Computer Music Journal, 1988, 12 (3): 43 –51.

[114] Ebcioǧlu K. An expert system for harmonizing chorales in the style of JS Bach [J]. The Journal of Logic Programming, 1990, 8 (1 –2): 145 –185.

[115] Herremans D, Chew E. Tension ribbons: Quantifying and visualising tonal tension [J]. 2016.

[116] Chew E. The spiral array [J]. in Mathematical and Computational Modeling of Tonality: Theory and Applications, International Series in Operations Research & Management Science, ed E. Chew (Boston, MA: Springer), 2014: 41 –60.

[117] Herremans D, Chew E. MorpheuS: generating structured music with constrained patterns and tension [J]. IEEE Transactions on Affective Computing, 2017, 10 (4): 510 –523.

[118] Sivanandam S N, Deepa S N. Genetic algorithms [M]//Introduction to genetic algorithms. Springer, Berlin, Heidelberg, 2008: 15 –37.

[119] Biles J. GenJam: A genetic algorithm for generating jazz solos [C]//ICMC. 1994 (94): 131 –137.

[120] Biles J, Anderson P, Loggi L. Neural network fitness functions for a musical IGA [J]. Proceedings of the International ICSC Symposia on Intelligent Industrial Automation & Soft Computing Reading UK, 1996 (19): 212 – 216.

[121] Biles J A. Autonomous GenJam: eliminating the fitness bottleneck by eliminating fitness [C]//Proceedings of the GECCO – 2001 workshop on non-routine design with evolutionary systems. San Francisco, CA, USA: Morgan Kaufmann, 2001 (7): 125 –174.

[122] Phon – Amnuaisuk S, Tuson A, Wiggins G. Evolving musical harmonisation

［C］//Artificial Neural Nets and Genetic Algorithms. Springer, Vienna, 1999：229 – 234.

［123］ Phon – Amnuaisuk S, Wiggins G. The four – part harmonisation problem：a comparison between genetic algorithms and a rule – based system ［C］// Proceedings of the AISB'99 Symposium on Musical Creativity. London：AISB, 1999：28 – 34.

［124］ de la Puente A O, Alfonso R S, Moreno M A. Automatic composition of music by means of grammatical evolution ［C］//Proceedings of the 2002 conference on APL：array processing languages：lore, problems, and applications. 2002：148 – 155.

［125］ Werner G M, Todd P M. Too many love songs：Sexual selection and the evolution of communication ［C］//Fourth European Conference on Artificial Life. Cambridge, MA：MIT Press/Bradford Books, 1997：434 – 443.

［126］ Bell C. Algorithmic music composition using dynamic Markov chains and genetic algorithms ［J］. Journal of Computing Sciences in Colleges, 2011, 27 （2）：99 – 107.

［127］ Lo M Y. Evolving cellular automata for music composition with trainable fitness functions ［D］. Colchester：University of Essex, 2012.

［128］ Lo M Y, Lucas S M. Evolving musical sequences with n – gram based trainable fitness functions ［C］//2006 ieee international conference on evolutionary computation. IEEE, 2006：601 – 608.

［129］ Manaris B, Hughes D, Vassilandonakis Y. Monterey mirror：combining Markov models, genetic algorithms, and power laws ［C］//Proceedings of 1st Workshop in Evolutionary Music, 2011 IEEE Congress on Evolutionary Computation （CEC 2011）. 2011：33 – 40.

［130］ Hsü K J, Hsü A. Self – similarity of the "1/f noise" called music ［J］. Proceedings of the National Academy of Sciences, 1991, 88 （8）：3507 – 3509.

［131］ Voss R F, Clarke J. "1/f noise" in music：Music from 1/f noise ［J］. The Journal of the Acoustical Society of America, 1978, 63 （1）：258 – 263.

［132］ Bidlack R. Chaotic systems as simple （but complex） compositional algorithms

[J]. Computer Music Journal, 1992, 16 (3): 33 – 47.

[133] Leach J, Fitch J. Nature, music, and algorithmic composition [J]. Computer Music Journal, 1995, 19 (2): 23 – 33.

[134] Conway J. The game of life [J]. Scientific American, 1970, 223 (4): 4.

[135] Wolfram S. A new kind of science [M]. Champaign, IL: Wolfram media, 2002.

[136] Miranda E R. Cellular automata music: An interdisciplinary project [J]. Journal of New Music Research, 1993, 22 (1): 3 – 21.

[137] McAlpine K, Miranda E, Hoggar S. Making music with algorithms: A case-study system [J]. Computer Music Journal, 1999, 23 (2): 19 – 30.

[138] Miranda E R. Cellular automata music: From sound synthesis to musical forms [M]//Evolutionary computer music. Springer, London, 2007: 170 – 193.

[139] Tatar K, Pasquier P. Musical agents: A typology and state of the art towards musical metacreation [J]. Journal of New Music Research, 2019, 48 (1): 56 – 105.

[140] Lewis G E. Too many notes: Computers, complexity and culture in voyager [J]. Leonardo Music Journal, 2000: 33 – 39.

[141] Kirke A, Miranda E R. Emergent Construction of melodic pitch and hierarchy through agents communicating emotion without melodic intelligence [C]// ICMC. 2011.

[142] Kirke A, Miranda E. A multi – agent emotional society whose melodies represent its emergent social hierarchy and are generated by agent communications [J]. Journal of Artificial Societies and Social Simulation, 2015, 18 (2): 16.

[143] Navarro M, Corchado J, Demazeau Y. A musical composition application based on a multiagent system to assist novel composers [C]//5th International Conference on Computational Creativity, ICCC'14. 2014.

[144] Navarro M, Corchado J M, Demazeau Y. MUSIC – MAS: Modeling a harmonic composition system with virtual organizations to assist novice composers [J]. Expert Systems with Applications, 2016 (57): 345 – 355.

[145] Amabile T M. A consensual technique for creativity assessment [M]//The social psychology of creativity. Springer, New York, NY, 1983: 37 – 63.

[146] Saunders R. Multi – agent – based models of social creativity [M]// Computational Creativity. Springer, Cham, 2019: 305 – 326.

[147] Todd P M. A connectionist approach to algorithmic composition [J]. Computer Music Journal, 1989, 13 (4): 27 – 43.

[148] Hochreiter S, Schmidhuber J. Long short – term memory [J]. Neural computation, 1997, 9 (8): 1735 – 1780.

[149] Eck D, Schmidhuber J. Finding temporal structure in music: Blues improvisation with LSTM recurrent networks [C]//Proceedings of the 12th IEEE workshop on neural networks for signal processing. IEEE, 2002: 747 – 756.

[150] Boulanger – Lewandowski N, Bengio Y, Vincent P. Modeling temporal dependencies in highdimensional sequences: Application to polyphonic music generation and transcription [C]//In ICML, 2012: 1881 – 1888.

[151] Hadjeres G, Nielsen F. Interactive music generation with positional constraints using anticipation rnns [J]. arXiv preprint arXiv: 1709. 06404, 2017.

[152] Johnson D D. Generating polyphonic music using tied parallel networks [C]// International conference on evolutionary and biologically inspired music and art. Springer, Cham, 2017: 128 – 143.

[153] Jia B, Lv J, Pu Y, et al. Impromptu accompaniment of pop music using coupled latent variable model with binary regularizer [C]//2019 International Joint Conference on Neural Networks (IJCNN). IEEE, 2019: 1 – 6.

[154] Huang C Z A, Vaswani A, Uszkoreit J, et al. Music transformer: Generating music with long – term structure [C]//In International Conference on Learning Representations (ICLR), 2018.

[155] Donahue C, Mao H H, Li Y E, et al. Lakhnes: Improving multi – instrumental music generation with cross – domain pre – training [C]//In ISMIR, 2019: 685 – 692.

[156] Huang Y S, Yang Y H. Pop music transformer: Generating music with rhythm and harmony [J]. arXiv preprint arXiv: 2002. 00212, 2020.

[157] Huang Y S, Yang Y H. Pop Music Transformer: Beat – based modeling and generation of expressive Pop piano compositions [C]//Proceedings of the 28th ACM International Conference on Multimedia. 2020: 1180 – 1188.

[158] Dai Z, Yang Z, Yang Y, et al. Transformer – XL: Attentive Language

Models beyond a Fixed – Length Context ［C］//Proceedings of the 57th Annual Meeting of the Association for Computational Linguistics. 2019: 2978 – 2988.

［159］ Zen H, Tokuda K, Black A W. Statistical parametric speech synthesis ［J］. speech communication, 2009, 51（11）: 1039 – 1064.

［160］ Bretan M, Weinberg G, Heck L. A unit selection methodology for music generation using deep neural networks ［C］//In ICCC, 2016: 72 – 79.

［161］ Sturm B, Santos J F, Ben – Tal O, et al. Music Transcription Modelling and Composition Using Deep Learning ［C］//1st Conference on Computer Simulation of Musical Creativity. 2016.

［162］ Waite E. Generating long – term structure in songs and stories. https://magenta. tensorflow. org/blog/2016/07/15/lookback – rnn – attention – rnn/

［163］ Hadjeres G, Nielsen F. Interactive music generation with positional constraints using anticipation rnns ［J］. arXiv preprint arXiv: 1709. 06404, 2017.

［164］ Hadjeres G, Pachet F, Nielsen F. Deepbach: a steerable model for bach chorales generation ［C］//International Conference on Machine Learning. PMLR, 2017: 1362 – 1371.

［165］ Roberts A, Engel J, Raffel C, et al. A hierarchical latent vector model for learning long – term structure in music ［C］//International Conference on Machine Learning. PMLR, 2018: 4364 – 4373.

［166］ Simon I, Roberts A, Raffel C, et al. Learning a latent space of multitrack measures ［J］. arXiv preprint arXiv: 1806. 00195, 2018.

［167］ Dinculescu M, Engel J, Roberts A. MidiMe: Personalizing a MusicVAE model with user data ［J］. Ubrkshop on Machine Learning for Creativity and Design, NeurIPS, 2019（18）: 9 – 21.

［168］ Yamshchikov I P, Tikhonov A. Music generation with variational recurrent autoencoder supported by history ［J］. SN Applied Sciences, 2020, 2 （12）: 1 – 7.

［169］ Hadjeres G, Nielsen F, Pachet F. GLSR – VAE: Geodesic latent space regularization for variational autoencoder architectures ［C］//2017 IEEE Symposium Series on Computational Intelligence （SSCI）. IEEE, 2017: 1 – 7.

［170］ Yu L, Zhang W, Wang J, et al. Seqgan: Sequence generative adversarial nets with policy gradient [C]//Proceedings of the AAAI conference on artificial intelligence. 2017, 31 (1): 32.

[171] Bang D, Shim H. Mggan: Solving mode collapse using manifold guided training [J]. arXiv preprint arXiv: 1804.04391, 2018.

[172] Wang K, Wan X. SentiGAN: Generating Sentimental Texts via Mixture Adversarial Networks [C]//IJCAI. 2018: 4446 – 4452.

[173] Zhang N. Learning adversarial transformer for symbolic music generation [J]. IEEE Transactions on Neural Networks and Learning Systems, 2020 (8): 35 – 41.

[174] Jaques12 N, Gu134 S, Turner R E, et al. Tuning recurrent neural networks with reinforcement learning [C]//In ICLR, 2017.

[175] Jaques N, Gu S, Bahdanau D, et al. Sequence tutor: Conservative fine – tuning of sequence generation models with kl – control [C]//International Conference on Machine Learning. PMLR, 2017: 1645 – 1654.

[176] Marbach P, Tsitsiklis J N. Approximate gradient methods in policy – space optimization of Markov reward processes [J]. Discrete Event Dynamic Systems, 2003, 13 (1): 111 – 148.

[177] Munos R. Policy gradient in continuous time [J]. Journal of Machine Learning Research, 2006, 7: 771 – 791.

[178] Riedmiller M, Peters J, Schaal S. Evaluation of policy gradient methods and variants on the cart – pole benchmark [C]//2007 IEEE International Symposium on Approximate Dynamic Programming and Reinforcement Learning. IEEE, 2007: 254 – 261.

[179] Bertsekas D P. Dynamic programming and optimal control 3rd edition, volume II [J]. Belmont, MA: Athena Scientific, 2011.

[180] Berenji H R, Khedkar P. Learning and tuning fuzzy logic controllers through reinforcements [J]. IEEE Transactions on neural networks, 1992, 3 (5): 724 – 740.

[181] Berenji H R, Vengerov D. A convergent actor – critic – based FRL algorithm with application to power management of wireless transmitters [J]. IEEE Transactions on Fuzzy Systems, 2003, 11 (4): 478 – 485.

[182] Konda V R, Tsitsiklis J N. On actor – critic algorithms [J]. SIAM journal on

Control and Optimization, 2003, 42 (4): 1143 – 1166.

[183] Sutton R S, McAllester D A, Singh S P, et al. Policy gradient methods for reinforcement learning with function approximation [C]//NIPS. 1999, 99: 1057 – 1063.

[184] Doya K. Reinforcement learning in continuous time and space [J]. Neural computation, 2000, 12 (1): 219 – 245.

[185] Van Hasselt H. Reinforcement learning in continuous state and action spaces [M]//Reinforcement learning. Springer, Berlin, Heidelberg, 2012: 207 – 251.

[186] Van Hasselt H, Wiering M A. Reinforcement learning in continuous action spaces [C]//2007 IEEE International Symposium on Approximate Dynamic Programming and Reinforcement Learning. IEEE, 2007: 272 – 279.

[187] Lazaric A, Restelli M, Bonarini A. Reinforcement learning in continuous action spaces through sequential monte – carlo methods [J]. Advances in neural information processing systems, 2007, 20: 833 – 840.

[188] Jaques N, Gu S, Bahdanau D, et al. Tuning Recurrent Neural Networks With Reinforcement Learning [J]. 2017.

[189] Chu H, Urtasun R, Fidler S. Song from PI: A musically plausible network for pop music generation [J]. arXiv preprint arXiv: 1611. 03477, 2016.

[190] Jin C, Tie Y, Bai Y, et al. A style – specific music composition neural network [J]. Neural Processing Letters, 2020, 52: 1893 – 1912.

[191] Dehghani M, Gouws S, Vinyals O, et al. Universal Transformers [J]. arXiv: 1807. 03819, 2019.

[192] Dai Z, Yang Z, Yang Y, et al. Transformer – XL: Attentive Language Models beyond a Fixed – Length Context [C]//Proceedings of the 57th Annual Meeting of the Association for Computational Linguistics. 2019: 2978 – 2988.

[193] Huang C A, Vaswani A, Uszkoreit J, Shazeer N, Hawthorne C, Dai A M, Hoffman M D, Eck D. An improved relative self – attention mechanism for transformer with application to music generation. CoRR abs/1809. 04281, 2018.

[194] Radford A, Narasimhan K, Salimans T, et al. Improving language understanding

by generative pre – training ［J］. 2018.

［195］ Radford A，Wu J，Child R，et al. Language models are unsupervised multitask learners ［J］. OpenAI blog, 2019, 1（8）：9.

［196］ Sutskever I，Vinyals O，Le Q V. Sequence to sequence learning with neural networks ［C］//In Advances in Neural Information Processing Systems（NIPS），2014：3104 – 3112.

［197］ Vaswani A，Shazeer N，Parmar N，et al. Attention is all you need ［C］// Proceedings of the 31st International Conference on Neural Information Processing Systems. 2017：6000 – 6010.

［198］ Malik I，Ek C H. Neural translation of musical style ［J］. arXiv preprint arXiv：1708. 03535，2017.

［199］ Cífka O，Şimşekli U，Richard G. Supervised Symbolic Music Style Translation Using Synthetic Data ［C］//20th International Society for Music Information Retrieval Conference（ISMIR）. 2019.

［200］ You S D，Liu P S. Automatic chord generation system using basic music theory and genetic algorithm ［C］//2016 IEEE International Conference on Consumer Electronics – Taiwan（ICCE – TW）. IEEE，2016：1 – 2.

［201］ Cook N D. Harmony perception：Harmoniousness is more than the sum of interval consonance ［J］. Music Perception，2009，27（1）：25 – 42.

［202］ Kidde G. Learning Music Theory with Logic，Max，and Finale ［M］. Routledge，2020：34 – 62.

［203］ French R M. Acoustics and Musical Theory ［M］. Engineering the Guitar. Springer，Boston，MA，2008：1 – 34.

［204］ Raffel C，Ellis D P W. Intuitive Analysis Creation and Manipulation of MIDI Data with pretty_ midi ［C］//In 15th International Conference on Music Information Retrieval Late Breaking and Demo Papers，2014.

［205］ Browne C B，Powley E，Whitehouse D，et al. A survey of monte carlo tree search methods ［J］. IEEE Transactions on Computational Intelligence and AI in games，2012，4（1）：1 – 43.

［206］ Chaslot G，Bakkes S，Szita I，et al. Monte – Carlo Tree Search：A New Framework for Game AI ［C］//AIIDE. 2008.

［207］ Auer P，Cesa – Bianchi N，Fischer P. Finite – time analysis of the multiarmed bandit problem [J]. Machine learning, 2002, 47 (2): 235 – 256.

[208] Kocsis L, Szepesvári C. Bandit based monte – carlo planning [C]//European conference on machine learning. Springer, Berlin, Heidelberg, 2006: 282 – 293.

[209] Tesauro G, Galperin G. On – line policy improvement using Monte – Carlo search [J]. Advances in Neural Information Processing Systems, 1996, 9: 1068 – 1074.

[210] Gelly S, Silver D. Combining online and offline knowledge in UCT [C]// Proceedings of the 24th international conference on Machine learning. 2007: 273 – 280.

[211] Polceanu M, Buche C. Computational mental simulation: A review [J]. Computer Animation and Virtual Worlds, 2017, 28 (5): e1732.

[212] Hochreiter S, Schmidhuber J. Long short – term memory [J]. Neural computation, 1997, 9 (8): 1735 – 1780.

[213] Watkins C J C H, Dayan P. Q – learning [J]. Machine learning, 1992, 8 (3 – 4): 279 – 292.

[214] Sutton R S, McAllester D A, Singh S P, et al. Policy gradient methods for reinforcement learning with function approximation [C]//NIPs. 1999, 99: 1057 – 1063.

[215] Sutton R S, Barto A G. Reinforcement learning: An introduction [M]. MIT press, 2018.

[216] Rao Q, Yu B, He K, et al. Regularization and Iterative Initialization of Softmax for Fast Training of Convolutional Neural Networks [C]//2019 International Joint Conference on Neural Networks (IJCNN). IEEE, 2019: 1 – 8.

[217] Solomon J W. Music theory essentials: A streamlined approach to fundamentals, tonal harmony, and post – tonal materials [M]. Routledge, 2019: 89 – 101.

[218] Lahat D, Adali T, Jutten C. Multimodal data fusion: an overview of methods, challenges, and prospects [J]. Proceedings of the IEEE, 2015, 103 (9): 1449 – 1477.

[219] Ramachandram D, Taylor G W. Deep multimodal learning: A survey on recent advances and trends [J]. IEEE Signal Processing Magazine, 2017, 34 (6): 96 – 108.

[220] Baltrušaitis T, Ahuja C, Morency L P. Multimodal machine learning: A survey and taxonomy [J]. IEEE transactions on pattern analysis and machine intelligence, 2018, 41 (2): 423 – 443.

[221] Erhan D, Courville A, Bengio Y, et al. Why does unsupervised pre – training help deep learning [C]//Proceedings of the thirteenth international conference on artificial intelligence and statistics. JMLR Workshop and Conference Proceedings, 2010: 201 – 208.

[222] Taylor W L. "Cloze procedure": A new tool for measuring readability [J]. Journalism quarterly, 1953, 30 (4): 415 – 433.

[223] Devlin J, Chang M W, Lee K, et al. BERT: pre – training of deep bidirectional transformers for language understanding [C]//In NAACL – HLT, 2019.

[224] Song K, Tan X, Qin T, et al. MASS: masked sequence to sequence pre – training for language generation [C]//In ICML, volume 97 of Proceedings of Machine Learning Research, 2019: 5926 – 5936.

[225] Raffel C, Shazeer N, Roberts A, et al. Exploring the Limits of Transfer Learning with a Unified Text – to – Text Transformer [J]. Journal of Machine Learning Research, 2020, 21: 1 – 67.

[226] Vaswani A, Shazeer N, Parmar N, et al. Attention is all you need [C]// Proceedings of the 31st International Conference on Neural Information Processing Systems. 2017: 6000 – 6010.

[227] Liu P J, Saleh M, Pot E, et al. Generating Wikipedia by Summarizing Long Sequences [C]//International Conference on Learning Representations. 2018.

[228] Yu L, Buys J, Blunsom P. Online Segment to Segment Neural Transduction [C]//Proceedings of the 2016 Conference on Empirical Methods in Natural Language Processing. 2016: 1307 – 1316.

[229] Payne C. Clara: A neural net music generator. http://christinemcleavey. com/ clara – a – neural – net – music – generator

[230] Tsai Y H H, Bai S, Liang P P, et al. Multimodal transformer for unaligned multimodal language sequences [C]//Proceedings of the conference. Association for Computational Linguistics. Meeting. NIH Public Access, 2019, 2019: 6558.

[231] Zhang C, Yang Z, He X, et al. Multimodal intelligence: Representation learning, information fusion, and applications [J]. IEEE Journal of Selected Topics in Signal Processing, 2020, 14 (3): 478 – 493.

[232] Toomarian N, Barhen J. Fast temporal neural learning using teacher forcing: U. S. Patent 5, 428, 710 [P]. 1995 – 6 – 27.

[233] Zhou L, Zhou Y, Corso J J, et al. End – to – end dense video captioning with masked transformer [C]//Proceedings of the IEEE Conference on Computer Vision and Pattern Recognition. 2018: 8739 – 8748.

[234] Cuthbert M S, Ariza C. Music21: A toolkit for computer – aided musicology and symbolic music data [C]//In International Society for Music Information Retrieval (ISMIR), 2010.

[235] Tymoczko D. A geometry of music: Harmony and counterpoint in the extended common practice [M]. Oxford University Press, 2010.

[236] Roberts A, Engel J, Eck D. Hierarchical variational autoencoders for music [C]//NIPS Workshop on Machine Learning for Creativity and Design, 2017.

[237] İzmirli Ö, Dannenberg R B. Understanding Features and Distance Functions for Music Sequence Alignment [C]//ISMIR. 2010: 411 – 416.

[238] Zhu H, Liu Q, Yuan N J, et al. Xiaoice band: A melody and arrangement generation framework for pop music [C]//Proceedings of the 24th ACM SIGKDD International Conference on Knowledge Discovery & Data Mining. 2018: 2837 – 2846.

[239] Xu B, Wang N, Chen T, et al. Empirical evaluation of rectified activations in convolutional network [J]. arXiv preprint arXiv: 1505. 00853, 2015.

[240] Ioffe S, Szegedy C. Batch normalization: Accelerating deep network training by reducing internal covariate shift [C]//International conference on machine learning. PMLR, 2015: 448 – 456.

[241] Goodfellow I J, Pouget – Abadie J, Mirza M, et al. Generative adversarial networks [C]//Advances in neural information processing systems (NIPS),

2014： 2672 – 2680.

[242] Cífka O, Şimşekli U, Richard G. Supervised Symbolic Music Style Translation Using Synthetic Data［C］//20th International Society for Music Information Retrieval Conference（ISMIR）. 2019. .

[243] Zhu J Y, Park T, Isola P, et al. Unpaired image – to – image translation using cycle – consistent adversarial networks［C］//Proceedings of the IEEE international conference on computer vision. 2017： 2223 – 2232.

[244] Qu T, Xiao Z, Gong M, et al. Distance – dependent head – related transfer functions measured with high spatial resolution using a spark gap［J］. IEEE Transactions on Audio, Speech, and Language Processing, 2009, 17 （6）： 1124 – 1132.

[245] Stan G B, Embrechts J J, Archambeau D. Comparison of different impulse response measurement techniques［J］. Journal of the Audio engineering society, 2002, 50（4）： 249 – 262.

[246] Allen J B, Berkley D A. Image method for efficiently simulating small – room acoustics［J］. The Journal of the Acoustical Society of America, 1979, 65 （4）： 943 – 950.

[247] Kulowski A. Algorithmic representation of the ray tracing technique［J］. Applied Acoustics, 1985, 18（6）： 449 – 469.

[248] Ratnarajah A, Zhang S X, Yu M, et al. FAST – RIR： Fast neural diffuse room impulse response generator［C］//ICASSP 2022 – 2022 IEEE International Conference on Acoustics, Speech and Signal Processing（ICASSP）. IEEE, 2022： 571 – 575.

[249] Ratnarajah A, Tang Z, Aralikatti R, et al. MESH2IR： Neural Acoustic Impulse Response Generator for Complex 3D Scenes［C］//Proceedings of the 30th ACM International Conference on Multimedia. 2022： 924 – 933.

[250] Dong H W, Chen K, Dubnov S, et al. Multitrack Music Transformer： Learning Long – Term Dependencies in Music with Diverse Instruments［J］. arXiv preprint arXiv： 2207. 06983, 2022.

[251] Huang Q, Jansen A, Lee J, et al. Mulan： A joint embedding of music audio and natural language［J］. arXiv preprint arXiv： 2208. 12415, 2022.

[252] Yu Y, Srivastava A, Canales S. Conditional lstm – gan for melody generation

from lyrics [J]. ACM Transactions on Multimedia Computing, Communications, and Applications, 2021, 17 (1): 1 – 20.

[253] Zhang Y, Jiang J, Xia G, et al. Interpreting Song Lyrics with an Audio – Informed Pre – trained Language Model [J]. arXiv preprint arXiv: 2208. 11671, 2022.

[254] Manco I, Benetos E, Quinton E, et al. Contrastive audio – language learning for music [J]. arXiv preprint arXiv: 2208. 12208, 2022.

[255] Ghatas Y, Fayek M, Hadhoud M. Difficulty Controlled Piano Music Generation using GAN Approach [J]. TechRxiv, 2022 (1): 1 – 29.

[256] Manco I, Benetos E, Quinton E, et al. Learning music audio representations via weak language supervision [J]. arXiv e – prints, 2021: 456 – 460.

[257] Yu B, Lu P, Wang R, et al. Museformer: Transformer with Fine – and Coarse – Grained Attention for Music Generation [J]. arXiv preprint arXiv: 2210. 10349, 2022.

[258] Amaral G, Baffa A, Briot J P, et al. An adaptive music generation architecture for games based on the deep learning Transformer model [C]// 2022 21st Brazilian Symposium on Computer Games and Digital Entertainment (SBGames). IEEE, 2022: 1 – 6.

[259] Chen Y W, Lee H S, Chen Y H, et al. Surprisenet: Melody harmonization conditioning on user – controlled surprise contours [J]. arXiv preprint arXiv: 2108, 00378, 2021.

[260] Puri R, Catanzaro B. Zero – shot text classification with generative language models [J]. arXiv preprint arXiv, 2019 (81): 10165.

[261] Jiang N, Jin S, Duan Z, et al. Rl – duet: Online music accompaniment generation using deep reinforcement learning [C]//Proceedings of the AAAI conference on artificial intelligence. 2020, 34 (1): 710 – 718.

[262] Ouyang L, Wu J, Jiang X, et al. Training language models to follow instructions with human feedback [J]. arXiv e – prints, 2022.

[263] Schneider F, Jin Z, Schölkopf B. Moûsai: Text – to – Music Generation with Long – Context Latent Diffusion [J]. arXiv preprint arXiv: 2301, 11757, 2023.

[264] Wu S, Sun M. Exploring the Efficacy of Pre – trained Checkpoints in Text – to –

Music Generation Task [J]. arXiv preprint arXiv: 2211, 11216, 2022.

[265] Liu H, Chen Z, Yuan Y, et al. AudioLDM: Text – to – Audio Generation with Latent Diffusion Models [J]. arXiv preprint arXiv: 2301, 12503, 2023.

[266] Borsos Z, Marinier R, Vincent D, et al. Audiolm: a language modeling approach to audio generation [J]. arXiv preprint arXiv: 2209, 03143, 2022.

[267] Stiennon N, Ouyang L, Wu J, et al. Learning to summarize with human feedback [J]. Advances in Neural Information Processing Systems, 2020, 33: 3008 – 3021.

[268] Chen J, Dodda M, Yang D. Human – in – the – loop Abstractive Dialogue Summarization [J]. arXiv preprint arXiv: 2212, 09750, 2022.

[269] Rao H, Leung C, Miao C. Can ChatGPT Assess Human Personalities? A General Evaluation Framework [J]. arXiv preprint arXiv: 2303, 01248, 2023.

[270] Bordt S, von Luxburg U. ChatGPT Participates in a Computer Science Exam [J]. arXiv preprint arXiv: 2303. 09461, 2023.

[271] Jin C, Wang T, Li X, et al. A transformer generative adversarial network for multi – track music generation [J]. Journal of lntel ligent Technology, 2022, 7 (3): 12.

[272] Jin C, Tie Y, Bai Y, et al. A style – specific music composition neural network [J]. Neural Processing Letters, 2020, 52: 1893 – 1912.

[273] Zhu J Y, Park T, Isola P, et al. Unpaired image – to – image translation using cycle – consistent adversarial networks [C]//Proceedings of the IEEE international conference on computer vision. 2017: 2223 – 2232.